U0241170

石笼护岸

复合型石笼护坡

净水石笼护岸

嘉陵江不规则岸坡

丹江口水库下游河岸

重庆市南川区城区河流弯曲段生态护岸

复式护岸效果图

水位变幅小的河道生态护岸

垂直挡墙护岸

淮远河辊式植被技术

浆砌石复合护岸

嘉陵江块石护岸

格网网箱边坡效果图

植生混凝土护岸效果图

大磨滩人工湿地

膜技术污水处理器

三峡库区万州段消落带(汛期)

丰收坝水厂供水设施

丰收坝水厂水源地保护区隔离网

丰收坝水厂水源地标示牌

丰收坝水厂水源地一二级保护区标示牌

丰收坝水厂水源地界碑　　　　　　　　红枫湖南湖一角

本书为中国科学院"三江源区流域水资源形成与分布及其对气候和生态环境变化的响应研究"（LHZX–2020–10）、重庆市教委"渝西水资源均衡调控研究"（KJZD–K202100201）以及水利部"饮用水水源地安全保障技术体系研究"课题的研究成果

长江上游饮用水水源地
安全保障理论与实践

叶琰　龙训建　李云成　贡力　王孟　著

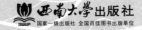

西南大学出版社

国家一级出版社　全国百佳图书出版单位

图书在版编目（CIP）数据

长江上游饮用水水源地安全保障理论与实践 / 叶琰
等著 . — 重庆：西南大学出版社，2022.6
ISBN 978-7-5697-1405-0

Ⅰ.①长… Ⅱ.①叶… Ⅲ.①长江－上游－饮用水－
水源地－水资源管理－安全管理－研究 Ⅳ.①X522

中国版本图书馆CIP数据核字(2022)第081915号

长江上游饮用水水源地安全保障理论与实践

CHANGJIANG SHANGYOU YINYONGSHUI SHUIYUANDI ANQUAN
BAOZHANG LILUN YU SHIJIAN

叶　琰　龙训建　李云成　贡　力　王　孟　著

责任编辑：畅　洁
责任校对：张　丽
装帧设计：殳十堂＿未　氓
照　　排：吴秀琴
出版发行：西南大学出版社（原西南师范大学出版社）
　　　　　网　　址：http://www.xdcbs.com
　　　　　地　　址：重庆市北碚区天生路2号
　　　　　邮　　编：400715
　　　　　电　　话：023-68868624
经　　销：新华书店
印　　刷：重庆新荟雅科技有限公司
幅面尺寸：170 mm × 240 mm
印　　张：15.5
插　　页：4
字　　数：280千字
版　　次：2022年6月　第1版
印　　次：2022年6月　第1次印刷
书　　号：ISBN 978-7-5697-1405-0

定　　价：58.00元

前 言

安全的饮用水，是关系国计民生的基础性环境之生命血液。在水资源有限的条件下，经济社会的可持续发展，依赖于饮用水安全，而饮用水安全则基于饮用水水源地安全。改革开放以来，在我国经济迅猛发展的同时，自然环境，尤其是水生态环境面临了空前的干扰与压力。出现了诸如污水乱排、岸线乱占、河道乱建等一系列不利于水生态环境的行为，其直接后果是，水污染事件增多，部分区域长期处于有水难用的尴尬局面。

为促进生态文明建设和经济社会高质量发展，坚持以水而定、量水而行，强化水资源刚性约束，进一步夯实水资源管理基础，不断提升监管能力，推进水生态突出问题治理和水资源保护工作。《中华人民共和国长江保护法》的颁布与实施，有利于加强长江流域生态环境的保护和修复，促进资源合理高效利用，保障生态安全，实现人与自然和谐共生、中华民族永续发展。水生态突出问题治理和水资源保护工作之一，是强化饮用水水源地名录管理。为此，水利部多批次发布全国重要饮用水水源地名录，并在2016年再次对该名录进行复核和修订，此次纳入该名录的全国重要饮用水水源地有618个，其中长江流域221个（长江上游105个）。

饮用水水源地安全涉及民生安全和经济命脉。但饮用水水源地面临的各种安全隐患经过多年整治，依然未能全部消除，影响水源地安全的事件还时有发生。因此，本书对近年来长江流域，尤其是长江上游在重要饮用水水源地保护方面开展的工作进行了梳理，以不同类型水源地的保护工作为典型案例，力图在长江大保护的背景下，为推动长江流域高质量发展尽绵薄之力。全书包含上、中、下三篇，共计九章。上篇为理论体系，包括四章：第一章概述长江流域重要饮用水水源地名录概况，各水源地水量和水质的总体情况，已有的安全保障措施体系

1

概况。第二章梳理长江流域各类型水源地面临的风险现状,采取的管理措施和突发水环境事件的应急管理措施。第三章从法律法规制度和保护区设置、划分及监管角度,对比分析国外与国内、长江流域与其他流域的安全保障制度。第四章对水源地生态系统的结构、价值功能和健康评价方法进行阐述。中篇为措施体系,包括三章:第五章梳理长江上游饮用水水源地已采取的各种安全保障的技术措施。第六章对长江上游饮用水水源地安全保障管理工作适用的法律法规、监管机构、保护区划分情况、生态保护与生态补偿以及应急管理等相关内容进行论述。第七章从流域水资源优化调度与配置、水污染控制与治理、应急水源地的安全保障和政府政策机制体制等方面进行归纳。下篇为应用案例,包括两章:第八章介绍位于长江上游的典型河流型饮用水水源地——重庆丰收坝水厂水源地的安全保障措施体系建设情况。第九章以长江上游典型湖库型饮用水水源地——红枫湖水库水源地为例,介绍在政策调整和优化背景下,水源地安全保障措施体系建设的历程和取得的经验。

　　本书是作者长期从事水源地保护、水生态修复工作的实践和研究成果。在编写过程中,全书由叶琰统稿,西南大学龙训建博士、水利部调水管理司李云成博士、兰州交通大学贡力教授、长江水资源保护科学研究所王孟教高参与本书的撰写及校核,并为本书的出版做了大量工作。同时,感谢长江水资源保护科学研究所刘兆孝教高、邱凉教高、西南大学叶勇博士、曾必顺助理对相关研究工作的支持和在本书出版过程中的辛勤付出。本书参考的文献,作者已在书中标注,对于文献作者,一并表示感谢。本书研究及最终出版得到了中国科学院"三江源区流域水资源形成与分布及其对气候和生态环境变化的响应研究"(LHZX-2020-10)、重庆市教委"渝西水资源均衡调控研究"(KJZD-K202100201)以及水利部"饮用水水源地安全保障技术体系研究"等项目的综合支持。鉴于作者水平有限,书中难免有疏漏和不妥之处,敬请指正。

目 录

上篇 理论体系

中篇　措施体系

下篇 应用案例

上 篇

理 论 体 系

第一章 长江流域重要饮用水水源地概述

饮用水水源地是指为城镇居民生活及公共服务用水赋存并提供水资源的地域,包括河流、湖泊、水库、地下水等多种集汇水区域。按照供水人口规模,通过管网输供水且供水人口超过1 000人的饮用水水源地称为集中式饮用水水源地。为加强对饮用水水源地的保护,落实《国务院办公厅关于加强饮用水安全保障工作的通知》(国办发〔2005〕45号)文件精神,水利部将供水人口超过20万人的地表水饮用水水源地和年供水量2000万 m³ 以上的地下水饮用水水源地,共计618个,纳入《全国重要饮用水水源地名录》,实行核准和安全评估制度。

1.1 纳入名录概况

根据各流域复核调查核定成果,水利部2016年发布的《全国重要饮用水水源地名录》中,长江流域片内的水源地共221个,占全国重要饮用水水源地总数的36%。在221个水源地中,河流型水源地134个,水库型水源地73个,湖泊型水源地4个,地下水型水源地10个。按水源地所在的行政区域划分,上海2个、江苏12个、安徽10个、江西22个、河南1个、湖北32个、湖南42个、重庆14个、四川50个、贵州13个、云南15个、西藏5个、陕西3个,其中丹江口水库水源地和三江营水源地分别为南水北调中线和东线水源地。按各水源地所在流域位置,上、中、下游的重要饮用水水源地分别有105个、46个和70个。长江流域内被纳入《全国重要饮用水水源地名录》的具体名单详见附录。

1.2 水源地水质水量概况

1.2.1 水质总体情况

按照水资源管理工作相关要求,饮用水水源地需开展安全保障达标建设和评估工作。2018年度全国重要饮用水水源地安全保障达标建设评估结果表明,长江流域90%以上的重要饮用水水源地基本实现水质监测全覆盖,取水口水质达标率达到80%以上的水源地占比97%左右,个别现状水质不达标的水源地主要分布在四川、重庆等地。

1.2.2 水量情况

长江流域重要饮用水水源地主要为河道型供水,水库型水源地主要分布在贵州、四川、湖南等地。统计数据表明,2018年,长江流域221个全国重要饮用水水源地总供水量186.6亿 m^3,总供水人口1.67亿人。在长江流域的重要饮用水水源地中,河道型、湖泊型、水库型、地下水型水源地分别有134个、4个、73个、10个(见图1.2-1),分别占水源地总个数的60.63%、1.81%、33.03%、4.52%;供水人口分别为12049万、4382万、112万、149万人,分别占水源地总供水人口的72.18%、26.25%、0.67%、0.89%(见图1.2-2)。

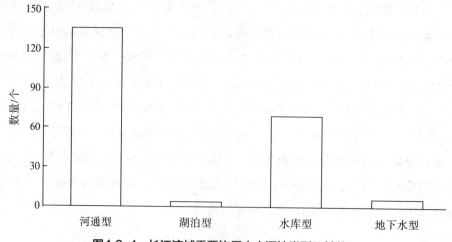

图1.2-1 长江流域重要饮用水水源地类型及其数量

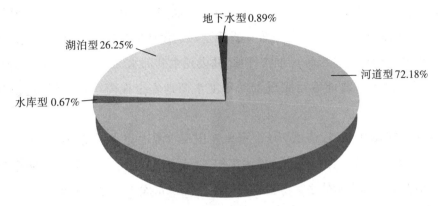

图1.2-2　长江流域重要饮用水水源地供水人口占比图

1.3 饮用水水源地安全保障措施体系概况

获得安全的饮用水是人类的基本需求和基本生存权。随着工业的快速发展、城市化进程的加快和人民生活水平的提高，人们对供水的要求越来越高，保障饮用水安全符合我国经济高质量发展的客观要求，是新形势下经济与生态环境联动的重要举措，是全面建成小康社会的具体行动，是实现经济社会可持续发展、构建和谐社会的基础，也是贯彻落实《中华人民共和国水法》，践行治水新思路的具体体现。《中共中央、国务院关于加快水利改革发展的决定》（中发〔2011〕1号）明确要求加强水源地保护。为切实保障饮水安全，水利部下发了《关于开展全国重要饮用水水源地安全保障达标建设的通知》（水资源〔2011〕329号），对列入名录的全国重要饮用水水源地开展安全保障达标建设工作，实施最严格的水资源管理制度。

目前，饮用水水源地安全保障达标建设工作已开展多年，工作机制已较成熟。基本工作程序是"各水源地管理部门自查—上一级水行政主管部门核查—流域管理机构检查—水利部抽查评估"。具体包括：①每年水源地安全保障达标建设责任单位对上一年度水源地安全保障达标建设情况进行自评；②省级水行政主管部门对辖区内水源地安全保障达标建设情况进行核查，编写上一年度本辖区水源地安全保障达标建设自评总结和下一年度具体工作计划；③流域管理机构会同省级水行政主管部门对流域内水源地安全保障达标建设情况开展检查,编写本流域上一年度水源地安全保障达标建设评估报告;④水利部对水源地安全保障达标建设情况进行抽查评估,并委托水利部水资源管理中心和七大流域水资源保护局共同编写完成上一年度水源地安全保障达标建设检查评估报告。

截至2018年,长江流域201个重要饮用水水源地完成了保护区划分工作,177个水源地完成了保护区综合整治工作,形成了以饮用水水源保护区为基础的水源地保护管理措施体系。红枫湖、株树桥、陆水水库等水源地试点实施饮用水水源地生态补偿制度,生态补偿总体方案包括补偿标准、补偿经费使用、激励监督机制等。

1.4 基本原则

开展饮用水水源地安全保障工作是为饮水安全服务,实现"水量保证,水质合格,监控完备,制度健全"的工作目标。基于此,此项工作应遵循以下原则:

①综合分析、统筹兼顾、重点突出。将水系作为整体考虑,科学分析可能导致饮用水水源地污染的各类问题,对影响水源的各种污染源进行统筹治理。水源地上游安全保障应考虑下游防洪、环境与生态安全要求;支流水源地安全保障要考虑干流水域要求;当前水源地安全保障措施,不能影响长远的饮水安全和水源地生态环境。

②水量与水质并重、合理利用水环境容量。水量与水质是水资源的两个主要属性。流域水系格局与水质、水量密切相关,协同规划时将水质和水量统筹考虑,是水资源的开发利用与保护辩证统一关系的体现。既要考虑水资源的开发利用对水量的需要,又要考虑对水质的要求。根据河流、湖泊和水库的水文特征,合理利用水环境容量,保证水质目标的合理性,既充分保护水资源质量,又有效利用水环境容量,节省污染源治理费用。

③适用性。在坚持科学性的基础上,水源地安全保障措施应具有指导性和可操作性,前瞻性强,易于推广应用,并具有持久效果,以保证水源地保护工作的全面落实。

　　④流域水安全、水生态环境相协调。统筹流域水污染治理、水生态环境和饮用水水源保护区的保护工作。统筹兼顾各种需求,应与流域防洪排涝、供水工程、水环境保护、道路交通、土地利用以及其他专业规划相协调,应充分考虑水系沿岸现状形态,坚持社会经济效益与生态环境效益并重。

水是生命之源。饮用水水源地安全问题关系到公众生命健康,是最基本的民生问题。在经济社会发展过程中,工业、农业和生活活动对饮用水水源地水环境质量造成威胁,这些威胁可能是长期持续存在,也可能是突发事件。进行风险管理,可防止饮用水水源污染,改善水源地水质,促进水体健康,保障公众饮用水安全。

2.1 水源地安全风险现状

2.1.1 河流型水源地

长江干流开发与保护的矛盾冲突并非近年才开始突显,在经济发展与资源保护工作的博弈过程中,岸线持续高强度开发引发突出的区域性布局矛盾。主要表现为:集中式饮用水水源地与港口码头交叉分布,与城市或工业园区排污口交叉分布,与城市雨洪排涝口交叉分布,甚至有的饮用水水源保护区内还存在法律禁止的排污口、化工码头或修造船基地等。沿江各城市的水源地存在不同程度的安全隐患,上游取水、下游排污的布局模式较为普遍,加上江面交通运输繁忙,饮用水水源地尚未全面达到规范化建设要求,油品、化工原料和产品等运输事故导致水源地环境风险压力较大。

2.1.1.1 长三角地区

长三角地区,即长江三角洲区域,一般是指上海、江苏、安徽和浙江四地,是我国城市化最密集的地区,区域常住人口占全国总人口的1/6,城镇化率67%,经济总量约占全国的1/4。同时,该区域河网密布,单位面积河网长度介于4.8—6.7 km,占区域总国土面积的8%。由于地势低洼,濒临黄海与东海,地处长江入海交汇的冲积平原,沿江沿海港口众多。

长三角区域范围内以地表水源为主,形成了以长江、钱塘江、太湖、太浦河—黄浦江、山丘区水库为主,多源互补的饮用水水源地总体布局。其中,涉及长江流域重要饮用水水源地24个。2000年以来,长江干流江苏段水质呈下降趋势,由2005年的Ⅱ类为主降至2018年的Ⅲ类为主;长三角地区主要湖库水质以Ⅳ类、Ⅴ类水为主,污染指标主要为总氮(TN)、总磷(TP)和化学需氧量(COD)。未来长三角地区沿江化工石化进入优化调整、绿色转型发展阶段,石油炼制、基础化工原料、农药等初端产业正在或即将实施转移,但高性能合成材料、精细与专用化学品、生物化学品、新医药等产业仍将处于增长状态,导致工业废水复杂程度可能进一步升高,水源地面临的环境风险将长期存在。

长三角城市群用水对长江水的依赖逐渐增强,通过水资源配置工程,利用现有河道和湖泊调用长江水,实施引江济太工程,以增加太湖可供水量,改善流域水环境,缓解流域用水矛盾,同时减轻水源地水质恶化程度。在此背景下,枯季长江口入海流量下降,河口咸潮入侵使上海、江苏沿江部分城市生态安全受到挑战。刘敏等人对长江下游干流总氮、总磷浓度跟踪研究揭示,2014年长江下游干流总氮平均浓度介于1.68—1.79 mg/L,接近湖泊Ⅴ类水质限值。

作为河网发达、港口众多、经济发展最活跃、开放程度最高、创新能力最强的区域之一,长三角区域内时有跨江跨河路网、航运船舶等方面的突发交通事故。伴随这些事故产生的有机污染物进入水体,是威胁饮用水水源地安全的潜在因素。此外,水源地中的痕量持久性有机物普遍存在于现在的环境中,因其具有持久性、高毒性、难降解和长距离运移特点,已成为未来一定时期内水源地风险问题的重要因素。崔晓媛选择多环芳烃、有机氯和多氯联苯为评价指标,开展长江中下游34个水源地取水口附近的污染特征和风险评价,结果表明,3项指标在评价水源地水中现状均无致癌和非致癌风险,多氯联苯和有机氯的生态风险水平较低,但多环芳烃在沉积物中具有潜在生态风险。

因此,长三角地区,在今后一定时期内,需要重点加强沿江产业优化调整,关注水源地新的风险因素,探索建立长三角区域内原水联动及水资源应急供给机制,提升供水安全保障能力。

2.1.1.2 长江中游

长江中游指湖北宜昌至江西湖口段。由武汉城市圈、环长株潭城市群、环鄱阳湖城市群组成的长江中游城市群(以下简称"中三角"),是长江经济带的重要组成部分,在我国区域发展格局中占有重要地位。区域常住人口城镇化率超过55%,面积约31.7万 km²,承东启西、连南接北,是我国面积最大的城市群,也是长江经济带三大跨区域城市群支撑之一。根据水利部2016年发布的《全国重要饮用水水源地名录》,长江中游区域涉及46个重要饮用水水源地。

"中三角"形成了以装备制造、交通运输设备制造、航空、冶金、石油化工、家电等为主导的现代产业体系。其依托长江黄金水道形成的"重化工围江"局面,存在特征污染物的穿透效应和稀释排放,特别是有毒有害污染物在环境中累积会造成不可逆的环境破坏。近20年来,"中三角"区域经济发展迅速,各水源地面临的安全风险也随之增加。

另一方面,"中三角"区域粮食生产优势明显,对应的农业面源污染问题是各重要饮用水水源地面临的另一种安全风险。刘甜等基于各省市统计年鉴,分析得出区域化肥施用量2014年较2004年增加1.2倍;而彭甲超等利用农业面源污染物排放量与农业经济增长的脱钩关系,验证了化肥的不合理使用是导致农业面源排放强度和频率增加的直接诱因,尽管总磷、总氮以及畜禽养殖废污水排放量得到有效控制,但仍需强化变废为宝的"资源"转化意识,引导绿色生产。

因此,处于长江经济带综合性枢纽节点区域的"中三角",城市发展规划需基于人与自然和谐发展。2015年,《国家发展改革委关于印发长江中游城市群发展规划的通知》中明确指出,共同构筑生态屏障,重点推进长江干流饮用水水源地保护和产业布局优化、汉江及湘江水污染治理和再生水利用、洞庭湖及鄱阳湖水生态安全保障、洞庭湖经济区工业结构调整、三峡库区污染防治等项目。面对全球生态环境恶化的客观现实,着力推进绿色发展(以效率、和谐、持续为目标的经济增长和社会发展方式)。这是破解我国资源环境约束的必然要求,也是解决长江中游城市群一体化发展的根本出路。

2.1.1.3 长江上游

长江上游是指长江源头至湖北宜昌这一江段,涉及地区有湖北、重庆、贵州、云南、四川、西藏和青海,涉及河流长度约4500 km。长江上游地区是我国西部大开发的重要地区,其集中了长江流域大部分水能资源,长江流域的高坝大库几乎都集中于此。根据水利部2016年发布的《全国重要饮用水水源地名录》,长江上游区域涉及105个重要饮用水水源地。

长期以来,水能资源开发利用被广泛接受为清洁生产能源。但大规模的梯级水库的建设和运行将显著改变长江天然河道的水文过程、水沙分配比例,对流域生态系统与环境产生影响。杨冀等选取葛洲坝水利枢纽、三峡水利枢纽、向家坝水电站和溪洛渡水电站,雅砻江锦屏一级水电站、锦屏二级水电站,岷江紫坪铺水利枢纽,嘉陵江亭子口水利枢纽以及乌江银盘水电站、彭水水电站作为典型梯级,基于2016—2018年重要水功能区数据及评价结果,对各典型梯级所在水功能区达标情况进行生态环境状况调查研究。结果表明,长江干流典型水利工程溪洛渡、向家坝、三峡和葛洲坝所在河段在2016年和2017年的水质可基本达到相应水功能区水质目标;在2018年3月以及5月至9月时段内,部分河段总磷超标。乌江彭水、银盘水电站所在河段在2016年和2017年的水质可基本达到相应水功能区水质目标;2018年1月至5月以及12月则出现了部分河段总磷超标的情况。雅砻江锦屏一级水电站和锦屏二级水电站、岷江紫坪铺水利枢纽、嘉陵江亭子口水利枢纽所在河段在调查时段内的水质均达到相应水功能区水质目标。调查结果还显示,同一流域的各梯级水环境监测工作存在监测频率不一致、监测时段不一致、监测指标不一致等情况,使得水质监测成果未能发挥最大作用。由此也可认为,各监测断面水质监测工作开展时间、频率和指标的一致性,对水源地安全风险应对工作的开展具有实际指导意义。

另外,长江中上游沿江地区的经济发展还较大程度地依赖于石化化工产业。规模化产业布局尚处于发展阶段,短期又难以从根本上解决持久性有机污染风险,导致持久性有机污染趋于复杂化,饮用水水源地安全风险保障工作的开展面临不确定性挑战。

2.1.2 湖库型水源地

湖库型饮用水水源地可能涉及多个行政区,在水源地上游也可能涉及多个汇入支流,其管理工作专项法规不够完善,相关部门权责交叉,使得相应的保护工作更为复杂。湖库型饮用水水源地面临最严重的安全威胁在于富营养化,也是我国政府与公众的长期关注焦点。对湖库型水源地进行风险控制,是一项长期且艰巨的任务。

一般情况下,湖泊综合营养状态指数是通过计算多个水质指数得到的。按照《地表水环境质量标准》(GB 3838—2002),一般分级情况见表 2.1-1。

表 2.1-1　湖泊水体营养状态分级表

综合营养状态指数	营养状态	综合营养状态指数	营养状态
≤30	贫营养	30—50	中营养
>50	富营养	50—60	富营养(轻度)
60—70	富营养(中度)	70—80	富营养(重度)
>80	富营养(异度)		

选取长江流域两个比较具有代表性的湖库型水源地,介绍其目前所面临的主要风险问题。

2.1.2.1　太湖

太湖是长江中下游地区第三大淡水湖泊,近20年来,其富营养化问题被广泛关注。吕学研对太湖湖区1980年以来的营养化水质指标变化情况进行评价,得到的结论是不同湖区的水质营养水平差异明显。在2008年实施湖泊治理工程以后,截至2011年,西部沿岸区和五里湖的水质明显改善,贡湖和湖心区富营养水质出现的频次也有所降低,梅梁湖、竺山湖和南部沿岸区的水质无明显变化,东部沿岸区和东太湖水质有恶化的趋势。

引江济太工程中长江来水进入太湖第一站的贡湖湾,2011—2013年,总磷平均浓度介于0.08—0.14 mg/L,虽满足河流Ⅲ类水标准限值,但仅相当于湖库Ⅳ—Ⅴ类水质。据此,引江济太工程可能使太湖湖区水源地长期受到水体富营养化威胁,主要饮用水水源地所在湖区面临易发生大面积水华风险。2016年,王梦竹对太湖18个监测断面的营养状态进行评价,其中17个站点属中营养状态(综合营养状态指数介于40—50之间),竺山湖心为轻度富营养状态。刘臻婧以引江济太工程中长江来水进入太湖第一站的贡湖湾为研究对象,近年来,总磷成为长江流域主要污染因子,浓度超过湖泊浊—清转换阈值。

对中国环境监测总站发布的全国地表水水质月报的数据进行统计,结果表明,2018年1月至2021年8月,太湖水体总体处于轻度富营养状态,但湖区17个监测断面调查结果显示,湖区范围内水质富营养状态分布并不均匀。其中,东部沿岸区在此期间有59%的时段为中营养状态,41%为轻度富营养状态;湖心区在此期间有11%的时段为中营养状态,87%的时段为轻度富营养状态,2%的时段为中度富营养状态;西部沿岸区70%的时段为轻度富营养状态,30%的时段为中度富营养状态;北部沿岸区整体时段均为轻度富营养状态。

尽管太湖目前依然面临富营养化与蓝藻水华灾害,但是,近10年来实施的"拦源截污、环境改善、生态修复"战略路线所取得的成效,是不可忽略的。而富营养化波动发展与高强度治理逆势互动的态势,也表明太湖生态环境质量维护工作的复杂性与艰巨性。

2.1.2.2 红枫湖

红枫湖是长江流域典型的功能定位调整型重要饮用水水源地。其在1960年初建时,主要功能是发电、调洪和供水;2010年以后,基于《贵州省红枫湖百花湖水资源环境保护条例》,红枫湖主要功能调整为供水和生态;2014年,《贵安新区总体规划(2013—2030年)》,进一步突显红枫湖饮用水水源地功能。

自2004年起,贵州省环境监测中心站和贵阳市两湖一库环境保护监测站对湖区7个点位开展月水质状况监测。郭雯、江成鑫等均采用综合营养状态指数法对红枫湖2000年以来的营养水平开展了评价计算,结果表明,红枫湖在2001—2004年处于中营养状态,2005—2007年出现轻度富营养,其后至2019年均为中营养状态。结合全国地表水水质月报的数据,红枫湖在2020年至2021年8月也一直处于中营养状态。在这20年的时间里,红枫湖经历了城镇化进程的工业污染、网箱养鱼和旅游业废污水污染、周边城镇和农村生活污水污染、农业面源污染等,其水质也一度降到Ⅴ类,甚至部分监测断面出现劣Ⅴ类。为有效处理相应环境问题,贵州省从"十五"计划开始,启动了四期42项环境治理工程,2009年以后湖区约有50%监测断面的水质达到Ⅱ类、Ⅲ类。但红枫湖富营养化问题,仍需继续治理。

2.2 水源地管理措施

为降低或控制水源地安全风险,相关部门在水源地的具体管理工作中,主要通过以下几方面开展相关工作。

2.2.1 建立管理组织,提高监管水平,优化水源地管理机制

对长江流域而言,基于多部门交叉管理现状,相关管理机构创新长江流域跨部门跨区域水源地协调管理体制,建立长江流域水资源保护局与环境保护部华东督查中心跨区域联合执法机制。以"河长制"为抓手推进饮用水水源地保护管理工作,流域各省区积极落实地方主体责任,推进饮用水水源地达标建设、规范化建设等工作,不断强化水源地管理协作机制。

2016年5月,环境保护部印发《关于开展长江经济带饮用水水源地环境保护执法专项行动(2016—2017年)的通知》。该专项行动共排查沿江11个省(市)126个地级以上城市319个集中式饮用水水源地,发现490个环境问题。至2017年12月30日,湖南省株洲市二、三水厂水源地保护区内电厂温排口移出工程完工,标志着该项工作全面收官。此工作促进了全国水源地监管工作的全方位开展,奠定了环境问题监管机制优化的基础。

2.2.2 制定规划法规,完善水源地管理顶层设计体系

按照管理分级对应的原则,顶层设计体系可以从流域和地方两个层面开展相关工作。

流域层面,基于《中华人民共和国长江保护法》,编制完成的《长江经济带水资源保护带、生态隔离带建设规划》和《长江经济带沿江取水口、排污口和应急水源布局规划》,有利于重要饮用水水源地生态隔离带的布局实施和应急水源地建设。

地方层面,湖北、江西、湖南、四川等地出台水源地保护管理政策法规,从水量保障、保护区划分、水质保护、监督管理等方面构建饮用水水源地保护管理制度的顶层设计体系,有利于提升水源地管理的法治化水平。

2.2.3 强化制度约束，推进制度落地生效

严格落实《中华人民共和国水法》《中华人民共和国水污染防治法》等饮用水水源地管理制度规定。具体可从以下3项制度推进：

①实施饮用水水源保护区制度。长江经济带饮用水水源地环境保护执法专项行动(2016—2017年)开展期间，沿江11个省级和地市级党委、政府高度重视，党政"一把手"亲自过问，进一步形成了"政府牵头、部门联动、分工协作、责任清晰"的工作机制，有力保障了清理整治工作的顺利开展，全面完成了流域内全部重要饮用水水源地保护区划分工作，形成了以饮用水水源保护区为基础的水源地保护管理措施体系。

②实施饮用水水源地生态补偿制度。已开展的红枫湖、株树桥水库、陆水水库等水源地生态补偿试点工作，从补偿标准、补偿经费使用、激励监督机制等方面进行饮用水水源地现状分析，提出了红枫湖、株树桥水库和陆水水库生态补偿总体方案。

③实施饮用水水源地监测监控制度。流域机构和地区可开展水源地水质监测工作，常规性监测和排查性监测相结合，督促地方采取措施守住饮用水水源地水质达标红线。

根据2018年水源地达标建设成果，长江流域全国重要饮用水水源地监测监控情况有所提升，77.8%以上水源地实现水质水量在线监测，66.0%以上水源地具有应急监测能力。

2.2.4 强化污染防治，加快产业布局优化调整

从工业污染源和污水处理设施两大方面开展污染防治和布局优化。

针对工业污染源。全面排查沿江工业污染源，优先选取化工、火电、钢铁、水泥、造纸、制革、制药、电镀、印染、有色金属、工业污水处理厂等重点行业或单位，开展达标情况排查工作，发布不达标企业限期治理公告，限期治理后仍不达标的依法关闭。开展长江沿线内河港口、码头、装卸站、船舶修造厂废水治理与废弃物处理设施情况调查工作，制定港口码头装卸站污染防治方案。集装箱码头轮胎式集装箱门式起重机(RTG)实现"油改电"或改用电动起重机，杂货码头装卸设备"油改电(气)"比例达到80%以上。

针对污水处理设施。长江干流及主要支流沿线县级及以上城市污水处理设施达到一级A排放标准,实现稳定运行,加快城镇生活垃圾、餐厨废弃物等处理处置设施和大、中型垃圾转运站建设,完善垃圾收运体系,提高资源化利用水平。沿江镇村按照"政府主导、企业运营、因村制宜、逐步推进"的总体思路,开展化肥、农药使用量"零增长"行动,提高测土配方施肥技术推广覆盖率和化肥利用率,减少农药使用量。加大畜禽养殖污染防治力度,开展禁养区划定工作和禁养区内畜禽养殖场(小区)关闭搬迁工作,新建、改建、扩建规模化畜禽养殖场(小区),实施雨污分流、畜禽粪便污水资源化利用。

2.2.5 全面落实达标建设评估制度,提升应急水平

积极开展长江流域重要饮用水水源地安全保障达标建设评估工作,评估水源地状况和存在问题,提出水源地整改建议;结合最严格水资源管理制度考核、河长制督导、水资源管理专项检查等,积极开展水源地现场检查和摸底工作,积极督促流域各地人民政府推动水源地达标建设和整改措施的落实。全面取缔水源保护区、自然保护区、风景名胜区等禁设区域内的排污口;对没有满足水功能区管理要求和影响取水安全的排污口限期整改,整改不到位的一律取消。加强水源地水质监测能力建设,提升水质安全监测预警能力。

开展防控涉危涉重企业污染风险工作,所有沿江涉危涉重企业完成突发环境事件风险评估,编制评估报告,完善环境应急预案并备案,将突发环境事件风险评估作为新建涉危涉重项目环评文件的重要内容。

加强船载危险货物运输风险管理,强化危险货物运输船舶各环节管控,定期开展危险货物运输整治,对装卸作业码头、水上加油站点等设施进行重点排查,严厉打击未取得资质运输危险化学品等违法违规行为。积极开展长江流域应急备用水源地建设督导工作,对流域内江苏、安徽、贵州等地应急水源建设开展督导检查工作,提高城市供水应急保障能力。

2.3 水源地突发环境事件及其应急管理

2.3.1 突发水环境事件特征

饮用水水源地突发环境事件和一般水环境污染事故有共性特征,如对生态环境尤其是水体环境造成破坏,威胁人民群众身体健康和生命财产安全。但饮用水水源地突发环境事件又区别于一般水环境污染事故,主要包括:

1.发生突然性

由于各种潜在因素,如风险源、危险品、生产、经营、运输及自然条件等问题,饮用水水源地的环境事件往往突然发生,在极短的时间内造成危害,事件具有很强的偶然性和意外性,难以预测。

2.影响广泛性

水源地是城市供水和居民饮用水的保障,突发环境事件一旦发生,将影响到数万甚至数十万群众供水安全,容易引起群众恐慌,在较短时间内造成巨大的社会影响。

3.处置艰巨性

造成饮用水水源地突发环境事件的污染物种类繁多、污染范围大、涉及因素多、危害强度高,而且处理此类事件时必须快速及时、措施得当有效,否则后果严重,因此饮用水水源地突发环境事件发生后,处置对象和内容十分复杂、难度系数较高。另外,饮用水水源地突发环境事件后期环境损害修复成本巨大,很多饮用水水源地都要经历很长时期不断修复才能逐渐消除污染影响。

2.3.2 应急管理

水源地突发环境事件应急管理研究属于应急管理理论的细分领域,水源地突发环境事件应急管理体系主要包括应急预案体系、应急管理体制、应急运行机制、应急管理系统四个方面的内容。

1.应急预案体系

水源地突发环境事件应急预案体系要求"纵向到底,横向到边"。"纵"指建立垂直管理的体系,从上级组织到组织内部,层层制定应急预案,形成严谨的管理体系;"横"指每一个负责制定预案的组织和部门都应该充分厘清自身在水源地突发事件中的职责,完善应急预案的内容,在管理上无疏漏。同时,在水源地突发环境事件应急预案中要厘清相互之间的衔接关系,逐级细化,预案内容要随着层级的递降而更加明确和具体。

2.应急管理体制

水源地突发环境事件应急管理体制建设的重点是应急指挥体系和应急管理队伍。应急指挥体系包括应急指挥机构和应急指挥领导体系。水环境突发环境事件一旦发生,应急指挥体系必须在第一时间迅速反应,按照应急预案启动应急管理程序,统一指挥、协调处理所涉及部门的各项应急措施,只有这样才能有效地实施应急管理。应急管理队伍中除了要建立健全各相关职责部门的负责人队伍外,还要努力健全专业化专家队伍,充分调动公众参与的积极性,协调地方军备、警备力量参与应急管理,最终形成结构合理、调配高效的应急管理队伍。

3.应急运行机制

水源地突发环境事件应急管理的关键内容是事件发生后的应急运行机制是高效的,这需要应急管理部门制定详细的应急运行机制。水源地应急运行机制包括应急响应、应急处理和应急保障三大部分。应急响应的主要工作是水源地突发环境事件的信息收集、应急预警、事件研判、应急监测、污染源排查与处置;应急处理包括制定现场处置方案、居民应急供水安全保障、应急设施建设和舆情监控,目的是有效处置突发环境事件,防止事件的影响进一步扩大,包括网络影响的扩大化;应急保障主要是为应急管理提供各方面的保障,包括通信设施设备、人员队伍、物资资源、经费等方面。

4.应急管理系统

在智能化、信息化全覆盖的时代背景下,水源地突发环境事件应急管理将高度依赖信息技术,集成化的应急管理信息系统已逐步构建并用于突发环境事件的应急管理,技术应急成为应急管理的核心内容。目前,已有的水源地突发环境事件应急管理系统集水质监测信息、事件上报、应急指挥系统、应急预案内容、应急管理案例库以及公众监督相关信息为一体,基于事件发生地的水质监测信息、事件内容、上报流程和公众监督等途径,及时迅速地对突发环境事件进行走向研判,结合已有的应急预案,可在短时间内实现上报和联系应急管理领导小组成员,为水源地突发环境事件应急管理决策提供依据。

第三章 | 饮用水水源地安全保障制度

饮用水水源地安全保障工作应遵循有法可依、执法必严、违法必究的方针。在特定的保护范围内，建立完善的监测体系，各职能部门充分发挥联动职能职责，使饮用水水源地的安全保障工作逐步从强制保障向良法善治过渡。

3.1 法律法规

3.1.1 国外水源保护法律法规

3.1.1.1 美国

1.法律制度

受工业化和城市化进程中水环境恶化的影响，美国的水源保护工作起源于被动应对。经过几十年的实践，目前形成的命令控制型治理模式为全世界所借鉴。尽管美国的水污染问题可上溯至19世纪末，但真正的水源保护工作，起源于1969年克利夫兰的凯霍加河因严重的工业污染而发生的起火事件。这一事件最终触发美国国会在1974年制定并颁布了《安全饮用水法》，该法于1996年修订，要求各州开展水源评估和保护项目工作。

《安全饮用水法》是一部系统地为饮用水安全提供保障的法律。它主要规定了饮用水安全标准的制定和地下饮用水资源的保护，主要目的是对公共饮用供水系统进行规范管理，确保公民的饮用水健康。该法规定各州政府要在1998年之前制定当地对水源保护区的详细计划。在具体内容上，应当包含：第一，规定各州及供水系统制定和实施饮用水水源保护地区的义务；第二，根据详细的地下水文资料划定饮水保护区；第三，鉴定饮水保护区内对人体有害的物质；第四，财政技术支持、控制措施实施、培训和教育的情况;第五,应急管理措施;第六,要有预警意识,注意新井及其范围内可能存在的污染源。该法还规定各州及地方的水源保护区计划必须经联邦政府环保署的审批才能执行,审批未通过的则需在环保署出具书面说明后做出修改再向环保署提交申请。

美国《安全饮用水法》经两次修订以后,建立起了"饮用水资源管理保护、饮用水工作人员培训(美国非常重视从事饮用水安全工作人员的素质)、饮用水供水行业系统地筹资和信息联网公开"全方位的法律系统,从而确保饮用水从水源地到水龙头整个过程中的安全。

在《安全饮用水法》中,美国还设立了饮用水安全协会,以向人们宣传饮水知识,倡导科学合理的饮水方式。在日常生活中,公众对水安全的普遍认识是水沸腾以后即达到安全标准。事实上,沸腾的开水只是灭杀了水中的微生物或部分病毒,而重金属或其他化学毒素并不能被消灭。美国《安全饮用水法》要求相关机构根据水源地类型,如河流、湖泊、水库和地下水水源等,因地制宜采取可行措施,保障人类身体健康安全,考虑技术和成本费用限制范围,使有害物始终保持在人类健康可接受的最大范围内。

美国共有7000多个水源地,针对饮用水安全问题,各水源地均制定了一套应急预案,针对事故多发区和一些重要的饮用水水源取水地还给出了特殊的方案,从而建立起联邦政府、州政府和地方政府协同应对突发水污染危机的机制。由美国环保署制定保障人体健康的饮用水卫生标准,同时执行防止水和水源地被自然和人为污染的相关权责。除此之外,环保署还指导帮助收集公众信息、收集饮水信息、检查饮水计划等。

美国的水资源属于各个州政府,《安全饮用水法》实施的权利属于各个州,如果各个州不能很好地履行其义务,那么环保署会取代它们的职权。在美国,联邦政府的主要职责是制定政策、基准、条例和标准;环保署主管饮用水保护工作,其工作核心是管理机构的设置、各管理机构职权的分配以及各机构间的相互协调。各州的饮用水保障相关标准需高于联邦政府的标准,相关程序要符合各项法律法规,必要的材料需如实保存,实施计划必须要经过联邦政府的批准。饮用水质变异或豁免不得低于联邦政府的规定,应制定充分的应急计划。

美国《清洁水法》也是一部确保饮用水安全的重要法律,其立法宗旨是"确保整个国家在饮用水流域生物、物理、化学的完整性"。该法替代了《联邦水污染控制法》,是联邦水法中最为严格的一部法律,其执行方式是先确定各个州污染排放量的定点源头数而不是确定排放厂房污水的等级,从源头上控制污水排放的总量。另外,《清洁水法》规定,各地方州政府制定的污染物排放标准不得低于联邦政府的相应标准。

20世纪70年代,美国还颁布了《联邦水污染控制法》,该法中明确规定禁止任何人向任何流域和海洋中排放有毒有害物质,国家专项财政收入用于建设废水过滤设施,全国各州统一执行。这部法律是世界首部关于污水排放的基本法律。另外,美国的农村饮用水安全保护体系大体包含四部分,分别为饮用水全民参与机制、饮用水水质标准体系、水源保护体系和用水应急处理体系。美国专家Olsson综合分析了美国传统的水质检测体系,找出了该检测体系中很多不足之处,主要体现在无法准确给出饮用水水中的致癌元素,建议使用更为严格的检测流程和更为完善的饮用水评估办法。

2.监管体制

根据美国《安全饮用水法》中的相关条款,美国水行业的监管由多个机构组成,每个主体各司其职。美国的城乡供水建设管理组织由政府、中介机构和供水企业三方组成,其中政府是安全饮用水监管的主要机构;第三方中介机构和供水企业是非营利组织,独立于联邦政府,主要职责是为政府开展水资源开发利用和保护工作提供信息服务和技术支持,为供水企业提供公共服务;供水企业的职责主要是水质监测监控,如果供水企业渎职,则会因此而担责。

美国具有完善的法律制度,其对饮用水的监管做到了细致周到,日常具体工作由水办公室负责。

(1)市场机制的引入

随着社会的发展,对饮用水的安全规制,保障饮用水安全的供应需要大量的资金、人力、物力,政府已经无力独自支撑。美国就势引入竞争机制,政府主要负责规范价格和实施管理,让私有企业进入饮用水供应行业,以提高供水安全效率,从而逐步建立起市场机制。

(2)饮用水水源保护制度

美国政府对饮用水水源保护工作的重视,还体现在不同水源类型都有对应的法律条款规定。以地下水水源保护为例,主要划分了两方面:单一含水岩层保护和地下灌注控制计划。而美国《水污染防治法》中将单一含水岩层定义为在一个地区,该含水岩层是该区域内唯一或最主要的饮用水水源。地下灌注控制计划则是为了避开污染物进入生物循环系统,而通过回灌技术将污水注入地下深层岩石,让其在自然环境中自我净化,从而达到减少地表污染物的目的。

对饮水安全而言,一旦该饮用水水源受到污染,其危害范围和危害程度都是巨大的。其中,美国得克萨斯州的爱德华地下水库就是地下灌注控制计划的典型区域。该州为此设定了专门的保护条例。

(3)紧急处置制度

美国《安全饮用水法》对紧急事件处置的相关条款有:出现污染物进入或可能进入公共供水系统或公共饮水源时,相关的州和地方没有采取必要的紧急行动时,环保署有权采取任何必要措施来保障公民的生命健康。在紧急处置制度中,环保署的首要任务是发布相关的命令,使致害者提供替代水,其次是提起民事诉讼,申请法院的限制命令、强令等法律救济措施。

(4)建立严格的水质标准

环保署制定了严格的检测标准来保障饮用水从源头到水龙头的安全。早期主要是基于综合评估污染物对老、弱、病和免疫系统脆弱人群的危害情况,制定相应的检测标准。近年来,随着检测手段的提高和检测参数的增加,结合成本效益评估,水质检测项目越来越细化,饮用水的检测标准得以不断提高,真正实现了高品质供水。

3.1.1.2 日本

日本在饮用水安全相关法律方面,最值得借鉴的是"双安"政策。20世纪50年代,日本将水资源的保护与利用放在与经济复苏同等重要的位置,对饮用水安全问题按照"安定"和"安心"的价值目标执行。一方面,确保国民的饮用水量达到"安定";另一方面,通过水质安全实现"安心"。在管理方面,政府通过行政手段保障各部门的具体协作,通过法律手段支撑实施安全和应急手段,保障饮用水的非"常"供应;在工程措施方面,主要通过管道工程手段保障饮用水量的供应,技术手段保证饮用水的水质。

1.法律制度

日本保护饮用水水源的核心法律是《河川法》。该法认定日本境内的河川是公共物,由国土厅统一协调管理,河川的保全、利用以及其他管理必须妥善进行以达到立法目的。

日本关于饮水资源管理方面的法律主要有《上水道法》《下水道法》《水资源开发促进法》《特定多功能水库法》《工业用水法》《公害对策基本法》和《水污染防治法》。其中,20世纪60年代制定的《水资源开发促进法》《公害对策基本法》和1970年公布的《水污染防治法》较详细地规定了饮用水的安全保障。

比如,在经济发展过程中,饮用水资源恶化,造成严重影响。为改善饮用水资源恶化状况,日本通过制定《水质污染防治法》《自然环境保护法》《水道水源法》《湖泊水质保全法》《水源地区对策特别措施法》等,加强对饮用水水质的监管,控制工业废水和工业污水总量和污染物浓度,建立完善的网络监管系统以强化水质监测。另外,根据工业用水、农业用水、生活用水、养殖用水、水力发电用水等不同用途,制定相应的水质要求细则。如靠近火山地区,当地水质参数指标就要求涵盖火山矿物质含量的化学成分指标。

在公共水域,日本环境厅安装水质自动检测仪,并定期向民众公开检测结果。如果水质没有达标必须更换检测仪器重检,一旦确认是水源本身的水质问题,立即停止供水,对违反命令的予以严格处罚。目前,日本的城市工业污水和生活废水的处理率已达到98%以上,普通居民家里自来水水龙头的水达到直接饮用标准。

2.监管体制

日本水资源管理属于多级别多部门管理,管理权力从地方逐级向上逐渐集中,但部门之间工作协调顺畅,职权明晰。其中,中央政府对一级河川按流域范围指定管理者,负责有关的保护和整治活动,相关费用则由都、道、府、县负担。换言之,管理体制方面采用的多部门管水的综合管理模式,属于典型的"多龙治水、多龙管水",可分为横向管理体制和纵向管理体制。

在横向管理体制上,涉及水资源管理部级层面的机构主要有国土厅、建设省、环境省、厚生劳动省、农林水产省和经济产业省。2000年以后,日本水环境管理由环境省行使国家环境管理权,下设饮用水质保护局,负责统一领导和协调饮水环境方面的管理。水资源部作为日常水资源管理的最高机构,主要负责水资源的规划、利用和开发。厚生劳动省是水行业管理的最高分管部门,其下设生活卫生局。水道环境部负责生活用水的卫生安全管理。农林水产省则是农林牧渔用水的最高分管部门,设立的林野厅负责对河流上游流域进行治理。经济产业省是工业用水的最高分管部门。

在纵向管理体制上,日本采用三级管理体制。中央政府管理机构主要有5个部级的管水机构,分别是生活、农业、工业、水质和水资源调配等分管机构。因人口、地域、水资源等经济社会和自然情况不同差别很大。各县一般设有企业部,下设水道课,依据地方性法规对自来水进行管理,管理的内容包括审查和批复建设、改造、扩建、拆毁等。地方水管理机构的管辖范围为市、町、村区域,管理机构的职能是制定本辖区内自来水建设或改造方案、建设和管理自来水工程、筹集资金等。

此外,日本还存在很多民间组织和半官方组织,它们既独立于中央和地方政府,又受其制约和指导,在饮用水污染防治中发挥着重要的作用。

3.1.1.3 英国

尽管英国被认为是一个水资源丰富的国家,但它在水资源管理和公平分配方面依然面临挑战。作为老牌资本主义国家,英国的城市化程度很高。在均衡工业发展和水资源保护关系方面,英国也为此付出了巨大的代价,曾一度导致生态环境遭受严重破坏。为改善生态环境恶化状况,英国在工业革命之后,不仅建立了城市供水管道系统,还建立了相关的饮用水法律监管系统。

与大多数西欧国家不同的是,自1989年水资源行业首次私有化以来,英国的水务有相对较高水平的私营部门参与。此外,英格兰的水管理正在进行体制改革,2014年受英国《水法》的影响引入了上游供水和污水处理服务的竞争机制,对如何管理供水网络提出了进一步的挑战。

1.法律制度

英国在饮用水安全保护方面的基本法律是《波恩安全饮用水宪章》,该法具有相当的前卫性。它不仅构架出整个法律体系,提出保障饮用水安全的标准和原则,还提出保护饮用水安全的具体方法以及未来如何规划以应对饮用水保护的问题。

英国全面制定和修改与水有关的法律法规始于20世纪60年代,先后有《河流洁净法》(1960年)、《土地排水法》(1961年)、《公共健康法》(1961年)、《河流防止污染法》(1961年)、《水资源法》(1963年)、《水法》(1973年)、《污染控制法》(1974年)、《环境保护法》(1990年)、《水资源法》(1991年)、《地面排水法》(1991年)、《水工业法》(1991年)、《环境法》(1995年)、《污染预防和控制法》(1999年)等。

这一系列的法律中,《河流防止污染法》确立了国家流域管理局有权在地下水污染事故发生后采取补救措施并实施监管。《水法》建立了整个英国饮用水行业的私有化机制,并将地方水务局重新改制。在1991年后,《水资源法》规定了国家流域管理局的职能,引入了关于水质达标与监测分类的规定。《水工业法》的颁布则重新确立了水务办公室的权限范围及供排水公司的职权。1995年颁布的《环境法》重新组织了环境监管的职责,赋予了水务司采取措施促进公众对水资源监管的权利。2014年,《水法》引入了上游供水和污水处理服务的竞争机制,通过生态、水文、管理等多行业共同推动,树立新的流程,以解决由于水资源可用性和质量的地理差异而产生的问题,对这些行政区域开展有效的管理工作。该法的前瞻性和严密的体系也值得我国借鉴。

作为联邦制国家,英国的法系实施分为三个区域,即苏格兰地区、英格兰和威尔士地区、北爱尔兰地区。按照这三大监管区域,各地也颁布了相应的地方性法律,如《苏格兰排水法》(1968年)、《苏格兰水法》(1980年)、《英格兰水业法》(2002年)、《苏格兰水务诸法》(2005年)、《北爱尔兰水务法令》(2006年)、《英格兰和威尔士环境许可条例》(2007年)。

综上所述,英国对水资源保护方面颁布的法律可谓数量众多,不仅包括全联邦通用的普适性法律法令,也有结合区域需求制定的地方性法规。这些法律法规都具有自己的发展历程,而且随着时代的变化不断得到完善。在社会大众逐渐理解水资源效率、干旱和供水安全保障相互关系的情况下,可实现能源与环境的协调发展。

2.监管体制

在英国,水资源管理的制度和治理框架的复杂性可能会导致集水区综合管理的方法特别具有挑战性。英国通过三个机构实施饮用水安全监管工作:一是供水服务办公室,负责运用经济手段对饮用水行业进行调节,采取合理的方式来保证供水、污水被正确处理;二是安全饮用水监管机构,负责对饮用水水质进行监察监测;三是水行业消费者委员会,负责维护消费者的利益。

在监管机构中,环境署虽为非政府机构,但却是保障饮用水安全的最高权力机关,接受环境、食品等部门指示,承担污染控制、防止洪灾、监管水质、监管排污等职责。在政府机构环境主管部门下的环境、食品及农村事务部设立饮用水监督管理局,独立于政府执行水质监管任务,处理消费者投诉和饮用水突发事故,采取技术手段调查饮用水受到污染的原因,并对违法者进行处罚,同时负责监控水务公司的运营情况,制定饮用水水质标准等。各监管机构及其职责见图3.1-1。

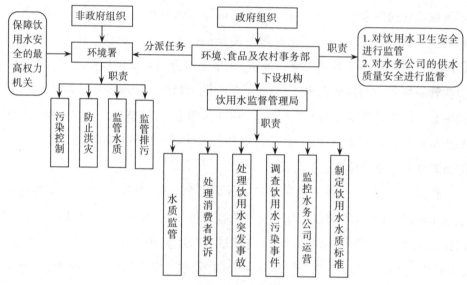

图3.1-1 英国各饮用水监管机构及其职责

英国饮用水监管模式经历了地方分散式监管到流域统一式监管,目前是划区域统一管理。在饮用水监管体制上,政府组织与非政府组织之间,做到了职权划分清楚、职责明确。政府将参与饮用水活动的机构、企事业单位的职责都逐一划分,使其在法律赋予的权力范围内充分发挥作用。

3.1.1.4 欧盟

1975年,欧洲就针对具有饮用水功能的河流和湖泊制定了《欧洲水法》,1980年又进一步实施饮用水质量标准。尽管欧盟理事会针对地下水管理需要,在

1992年修改了《理事会管理条例80/68/EEC》，但是，真正具有里程碑意义的相关法令政策，是1995年由欧盟委员会制定的饮用水法令和城市废水法令。相关框架内容包括水资源保护范围扩大到所有的地表水和地下水，设置水质达到良好状态的最后期限，以流域为单元开展水资源管理工作，废水排放同时考虑指标限值和质量标准相结合的方式，制定合适的水价，水的直接使用者参与监督工作。

2000年10月，欧洲议会与欧洲理事会正式通过《管理条例2000/60/EC》，即《欧盟水框架指令》，这标志着欧盟共同体在水政策、水资源管理方面的行动框架正式建立。该管理条例框架重点在于水文情势、环境和满足饮用水需求，目的是推广先进用水技术、发展节灌技术，但它对水资源在经济发展中的重要作用未能充分体现，对管理权下放问题未能较好考虑，不利于水资源一体化管理工作。

3.1.2 我国相关法律法规

在笔者完稿时，我国在饮用水水源地保护方面的专门性法律尚属空白。我国存在饮用水水资源紧缺和严重污染风险的问题，在已有的相关法律法规中，在各层面各等级，事实上都涉及了相关内容。这些法律法规，构成了现阶段我国城市饮用水安全保障法律体系，包括《中华人民共和国宪法》，具备行业特征的环境保护基本法和环境保护单行法，部门规章、地方性法规和地方政府规章，以及环境标准中与城市饮用水保护密切相关的规定条款。通过检索文献和查询发布的法律法规，将能够反映现阶段我国饮用水安全保障法律体系特征的相关法律法规汇总如下。

3.1.2.1 相关基本法律

1.《中华人民共和国宪法》

《中华人民共和国宪法》（以下简称《宪法》）是我国一切法律法规的根本大法。虽然《宪法》中关于饮用水保护的条款不多，主要是基于环境保护角度提出的相关规定，却在法律体系中处于最高地位，构成了饮用水保护立法的宪法基础。

《宪法》明确规定了我国水资源的所有权，国家保护水资源的职责和任务，以及组织和个人对水资源承担的义务，具体参见第九条："矿藏、水流、森林、山岭、草原、荒地、滩涂等自然资源，都属于国家所有，即全民所有；由法律规定属于集体所有的森林和山岭、草原、荒地、滩涂除外。国家保障自然资源的合理利用,保护珍贵的动物和植物。禁止任何组织或者个人用任何手段侵占或者破坏自然资源。"

确立保护水生态环境、防止水污染是国家的职责和任务的相关内容见《宪法》第二十六条第一款规定:"国家保护和改善生活环境和生态环境,防止污染和其他公害。"另外,《宪法》第五十一条规定:"中华人民共和国公民在行使自由和权利的时候,不得损害国家的、社会的、集体的利益和其他公民的合法的自由和权利。"这条规定既保障了公民享有的饮用水方面的权利,也给该权利设置了一定的限制。

2.《中华人民共和国环境保护法》

《中华人民共和国环境保护法》(以下简称《环境保护法》)是我国环境保护基本法,是除《宪法》之外具有核心地位的综合性实体法。2014年4月24日,该法由中华人民共和国第十二届全国人民代表大会常务委员会第八次会议修订通过,自2015年1月1日起施行。

《环境保护法》第十条规定:"国务院环境保护行政主管部门,对全国环境保护工作实施统一监督管理;县级以上地方人民政府环境保护主管部门,对本行政区域环境保护工作实施统一监督管理。县级以上人民政府有关部门和军队环境保护部门,依照有关法律的规定对资源保护和污染防治等环境保护工作实施监督管理。"因此,根据《环境保护法》的授权,我国水污染防治和水资源保护由生态环境部门和水利部门主管。另外,《环境保护法》还明确了环境保护行政主管部门的具体环境监督管理职能,是环境保护行政主管部门履行水污染防治方面监督管理职能的依据。

《环境保护法》第六条规定:"一切单位和个人都有保护环境的义务。地方各级人民政府应当对本行政区域的环境质量负责。企业事业单位和其他生产经营者应当防止、减少环境污染和生态破坏,对所造成的损害依法承担责任。公民应当增强环境保护意识,采取低碳、节俭的生活方式,自觉履行环境保护义务。"第十一条规定:"对保护和改善环境有显著成绩的单位和个人,由人民政府给予奖励。"这些规定同样适用于饮用水资源保护工作涉及的一些具体权利义务。

《环境保护法》对国务院、省、自治区、直辖市和县级人民政府在环境保护、改善环境、防治污染和其他公害等方面的监督管理工作进行整体性规定。国家在重点生态功能区、生态环境敏感区和脆弱区等区域划定生态保护红线,建立、健全生态保护补偿制度,保护生物多样性,保障生态安全。同时,国家加强对大气、水、土壤等的保护,建立和完善相应的调查、监测、评估和修复制度;排放污染物的企业事业单位,应当建立环境保护责任制度,明确单位负责人和相关人员的责任,实行排污许可管理制度,缴纳排污费,实行重点污染物排放总量控制制度。重点排污单位应当按照国家有关规定和监测规范安装使用监测设备,保证监测设备正常运行,保存原始监测记录。严禁通过暗管、渗井、渗坑、灌注或者篡改、伪造监测数据,或者不正常运行防治污染设施等逃避监管的方式违法排放污染物。这些规定和制度有助于饮用水资源保护和饮用水环境的保护与污染防治。

3.1.2.2 相关单行法律

1.《中华人民共和国水法》

关于水资源保护的核心法《中华人民共和国水法》(以下简称《水法》),于2016年7月2日第十二届全国人民代表大会常务委员会第二十一次会议,根据《关于修改〈中华人民共和国节约能源法〉等六部法律的决定》进行第二次修正,是饮用水保护最重要的最直接的法律依据。

《水法》在总则中首先明确了立法目的是合理开发、利用、节约和保护水资源,防治水害,实现水资源的可持续利用,适应国民经济和社会发展的需要。其中,合理开发、利用、节约和保护水资源是《水法》的核心内容,也是最主要的立法目的。防治水害也是《水法》的立法目的之一,表明防治水害与水资源合理开发、利用、节约和保护之间是紧密联系、相互促进的。实现水资源的可持续利用,适应国民经济和社会发展的需要是《水法》要实现的最终目的。《水法》在总则中还规定了此法适用的范围,以及此法所称水资源包括地表水和地下水;规定了开发、利用、节约、保护水资源和防治水害,应当全面规划、统筹兼顾、标本兼治、综合利用、讲求效益;规定了县级以上人民政府应当加强水利基础设施建设,并将其纳入本级国民经济和社会发展计划。这表明水利基础设施是开发、利用、节约、保护水资源和防治水害的物质基础,在保护人民生命财产和现代化建设中发挥着重要作用;确立了水资源权属制度、水资源取水许可制度、水资源有偿使用制度等。《水法》在总则中规定国家鼓励单位和个人依法开发、利用水资源,并保护其合法权益,开发、利用水资源的单位和个人有依法保护水资源的义务。这既能调动单位和个人保护、开发、利用水资源的积极性,也明确了单位和个人所承担的法定义务。《水法》在总则中规定国家厉行节约用水、建立节水型社会。其中包括了政府、单位及个人在节约用水方面的基本义务。《水法》总则对饮用水保护最重要的规定为明确国家对水资源实行流域管理与行政区域管理相结合的管理体制,并对水行政主管部门、流域管理机构、其他有关部门的职责进行了总体分工。

为了加强水资源的宏观管理,《水法》专门设立了"第二章 水资源规划"。在这一章中明确规定:"国家制定全国水资源战略规划。开发、利用、节约、保护水资源和防治水害,应当按照流域、区域统一制定规划。"并就规划的种类、制定权限与程序、规划的效力与实施等问题以及水文、水资源信息系统建设等水资源管理的基础性工作做了具体规定。

《水法》"第三章 水资源开发利用"是重点内容。规定开发、利用水资源,应当坚持兴利与除害相结合,兼顾上下游、左右岸和有关地区之间的利益,充分发挥水资源的综合效益,并服从防洪的总体安排;规定开发、利用水资源,应当首先满足城乡居民生活用水,并兼顾农业、工业、生态环境用水以及航运等需要。这是对基本用水顺序的确定,显示了饮用水即生活用水的优先地位。除此之外,此章还对跨流域调水、水资源论证、开发利用非传统水资源和水能资源等进行了规定。

《水法》"第四章 水资源、水域和水工程的保护"中与饮用水保护相关的主要包括:保护水量及生态用水的规定;水功能区划、排污总量控制制度和水质监测的规定;饮用水水源保护区制度的规定。这部分体现了《水法》对饮用水水源予以特别保护的态度。还包括入河排污口设置审批制度的规定;对地下水超采区管理以及沿海地区开采地下水的要求的规定;对单位和个人有保护水工程设施的义务的规定;对地方人民政府和水行政主管部门保障水工程安全的责任以及对划定水工程管理和保护范围的规定。

《水法》"第五章 水资源配置和节约使用"与饮用水保护息息相关,主要内容包括:制定中长期供求规划、水量分配方案和调度计划,实行总量控制和定额管理相结合的制度;进一步明确实施取水许可制度和水资源有偿使用制度的范围和对象;计量使用、计量收费和超定额累进加价等用水管理制度;工业、农业、居民生活的有关节约用水措施和制度。其中,规定加强城市污水集中处理,鼓励使用再生水,提高污水再生利用率。现行《水法》更重视节流,重视如何充分利用已经开发的水源,不再一味强调如何去开发新的水源;制定供水价格的原则和权限,引进市场机制,发挥市场与价格对于调控水资源需求的作用。

我国水资源管理同样存在多部门交叉情况,因此,在与饮用水保护相关的水事纠纷处理与执法监督检查方面,《水法》规定了单位之间、个人之间、单位与个人之间水事纠纷定额处理程序,水行政主管部门和流域管理机构的监督检查权及水政监督检查人员的任职要求等。

《水法》为了保证此法中确立的法律制度得以实施,对违反《水法》的行为所应追究的法律责任做了规定。针对修订前的法律责任部分比较简单、不便于操作等问题,修订后的版本对处罚种类、应当受处罚的行为进行了具体补充和完善,相关罚款数额或幅度都有明确说明,提高了《水法》的可操作性。

2.《中华人民共和国水污染防治法》

《中华人民共和国水污染防治法》(以下简称《水污染防治法》)中有直接针对饮用水安全保障的规定,是饮用水保护法律体系的另一核心。现行版本于2017年6月27日第十二届全国人民代表大会常务委员会第二十八次会议第二次修正,自2018年1月1日起实施。

《水污染防治法》的立法目的是保护和改善环境,防治水污染,保护水生态,保障饮用水安全,维护公众健康,推进生态文明建设,促进经济社会可持续发展。其中,保护和改善环境,防治水污染是水污染防治立法的根本目的,旨在建立符合我国国情的有针对性的防治水污染的法律制度,达到既防治水污染,又保护和改善我们赖以生存的生活环境和生态环境。《水污染防治法》在修订后进一步明确保障饮用水安全的立法目的,充分显示了国家对保护和改善环境、保障饮用水安全的重视,也为我国推进生态文明建设、全面保障和促进经济社会可持续发展树立了坚定的依据,与《水法》相呼应。

《水污染防治法》在总则中除规定立法目的之外,还规定了适用范围,为中华人民共和国领域内的江河、湖泊、运河、渠道、水库等地表水体以及地下水体的污染防治,而海洋污染防治则遵循专门法律《中华人民共和国海洋环境保护法》。

水污染防治应当坚持预防为主、防治结合、综合治理的原则,优先保护饮用水水源,严格控制工业污染、城镇生活污染,防治农业面源污染,积极推进生态治理工程建设。将优先保护饮用水水源作为水污染防治的原则之一,进一步体现了饮用水水源保护的特殊性和重要性。此法指出人民政府具有开展水污染防治的责任,特别是地方各级人民政府,要对本行政区域的水环境质量负责,国家实行水环境保护目标责任制和考核评价制度,将水环境保护目标完成情况作为对地方人民政府及其负责人考核评价的内容。国家通过财政转移支付等方式,建立健全对位于饮用水水源保护区和江河、湖泊、水库上游地区的水环境生态保护补偿机制。这些规定是从法律层面确立饮用水水源保护区要实行生态保护补偿机制,是饮用水保护法律制度体系的一个重要进步。此项工作的监督管理由县级以上人民政府环境保护主管部门实施,交通主管部门的海事管理机构对船舶污染水域的防治实施监督管理,县级以上人民政府水行政、国土资源、卫生、建设、农业、渔业等部门以及重要江河、湖泊的流域水资源保护机构,在各自的职责范围内,对有关水污染防治实施监督管理。该规定进一步表明环境保护部门和水行政主管部门在水资源监督管理方面各有侧重点,同时相辅相成。除政府相关部门以外,该法还规定任何单位和个人都有义务保护水环境,并有权对污染损害水环境的行为进行检举。

《水污染防治法》在"第二章 水污染防治的标准和规划"中对水环境质量标准的制定进行了规定,包括国家标准和地方标准的制定。其中,国务院环境保护主管部门制定国家水环境质量标准和国家水污染物排放标准;省、自治区、直辖市人民政府结合国家标准,制定地方标准,并报国务院环境保护主管部门备案。这些按级立法的规定,既考虑了全国法律法规的统一性,又兼顾了不同区域的经济、技术发展差异和环境本底值的承载状态,有利于各区域结合实际,妥善推进环境保护工作。

《水污染防治法》的"第五章 饮用水水源和其他特殊水体保护"是饮用水水源保护区制度的主要法律依据。首先,规定国家建立饮用水水源保护区制度,饮用水水源保护区分为一级和二级保护区,必要时,可以在饮用水水源保护区外围划定一定的区域作为准保护区;根据饮用水水源保护区涉及行政区域的复杂程度,规定了划定机构。其次,对不同级别饮用水水源保护区内的禁止行为进行了规定,对饮用水水源保护区实行严格管理。最后,规定了在准保护区内实行积极的保护措施、监测、评估工作的责任部门。此部分内容,为各饮用水水源保护区开展相关保护工作提供了依据。

《水污染防治法》在"第六章 水污染事故处置"中对增强水污染应急反应能力做出了规定,以减少水污染事故对环境造成的危害。内容主要涉及各级人民政府及其有关部门、可能发生水污染事故的企业事业单位在应对水污染事故时各自应当承担的义务和应采取的措施。水污染事故应急能力的增强是饮用水安全的重要保障。

3.《中华人民共和国水土保持法》

1991年6月29日颁布实施的《中华人民共和国水土保持法》(以下简称《水保法》)是除《水法》《水污染防治法》之外与饮用水保护相关性较强的法律之一。该法已由中华人民共和国第十一届全国人民代表大会常务委员会第十八次会议于2010年12月25日修订通过,修订后的《水保法》自2011年3月1日起施行。

《水保法》的立法目的是预防和治理水土流失,保护和合理利用水土资源,减轻水、旱、风沙灾害,改善生态环境,保障经济社会可持续发展。可见,《水保法》的实施有利于涵养水源,改善水环境;有利于减少洪涝灾害,保障水安全;有利于净化水质,预防面源污染;有利于提高水资源利用率。在工作开展方面,国务院水行政主管部门主管全国的水土保持工作,县级以上地方人民政府水行政主管部门主管本行政区域的水土保持工作。县级以上人民政府林业、农业、国土资源等有关部门按照各自职责,做好有关的水土流失预防和治理工作。

水土保持工作是保护和合理利用水土资源的重要途径,水资源可持续利用是水土保持的最终目标。《水保法》是国家将水资源和土壤资源结合起来保护的生态效益方面的法规,是饮用水保护法律体系中的组成部分。

4.《中华人民共和国防洪法》

《中华人民共和国防洪法》(以下简称《防洪法》)于1997年8月29日公布,于2016年7月2日第十二届全国人民代表大会常务委员会第二十一次会议第三次修正。该法是水资源保护体系中防治水害方面的法律。《防洪法》与水资源保护的密切关系可以从《水法》的第二十条的规定体现:"开发、利用水资源,应当坚持兴利与除害相结合,兼顾上下游、左右岸和有关地区之间的利益,充分发挥水资源的综合效益,并服从防洪的总体安排。"因此,开发利用和保护水资源应当服从防洪的总体安排,实行兴利与除害相结合的原则。按照《防洪法》的有关规定,规范各种水资源开发利用活动,江河、湖泊治理以及防洪工程设施建设,应当符合流域综合规划,与流域水资源的综合开发相结合。除此之外,《防洪法》中有关防洪规划、治理与防护、防洪区和防洪工程设施的管理等的规定能够起到防御、减轻洪涝灾害的作用,进而保障水环境安全,维护人民的生命和财产安全。

5.《中华人民共和国清洁生产促进法》

2003年1月1日开始实施的《中华人民共和国清洁生产促进法》(以下简称《清洁生产促进法》),于2012年2月29日第十一届全国人民代表大会常务委员会第二十五次会议修正,自2012年7月1日起施行。该法的立法目的是促进清洁生产,提高资源利用效率,减少和避免污染物的产生,保护和改善环境,保障人体健康,促进经济与社会可持续发展。水资源是工业生产必不可少的资源之一,水资源的可持续利用和工业清洁生产是紧密联系的,要从根本上解决水资源短缺问题,满足人们对水资源的需求,只有选择可持续发展的路径,进行从源头到末端的系统工程治理。《清洁生产促进法》中有不少关于节约用水的规定,比如规定国务院有关部门可以根据需要批准设立节能、节水、废物再生利用等环境与资源保护方面的产品标志,并按照国家规定制定相应标准;各级人民政府应当优先采购节能、节水、废物再生利用等有利于环境与资源保护的产品;各级人民政府应当通过宣传、教育等措施,鼓励公众购买和使用节能、节水、废物再生利用等有利于环境与资源保护的产品。企业在进行技术改造过程中,应采用资源利用率高、污染物产生量少的工艺和设备,替代资源利用率低、污染物产生量多的工艺和设备;对生产过程中产生的废物、废水和余热等进行综合利用或者循环使用;采用能够达到国家或者地方规定的污染物排放标准和污染物排放总量控制指标的污染防治技术。总之,《清洁生产促进法》在清洁生产的推行、实施以及鼓励措施和法律责任方面的规定,对于提高水资源利用效率、防治水污染、保护水环境具有非常重要的作用。

6.《中华人民共和国循环经济促进法》

2008年8月29日公布,2009年1月1日起施行的《中华人民共和国循环经济促进法》(以下简称《循环经济促进法》)于2018年10月26日第十三届全国人民代表大会常务委员会第六次会议修正，自公布之日起施行。该法是为促进循环经济发展，提高资源利用效率，保护和改善环境，实现可持续发展而制定的。《循环经济促进法》在专门加强水资源利用与管理方面，规定国家对钢铁、有色金属、煤炭、电力等行业年综合用水量超过国家规定总量的重点企业，实行水耗的重点监督管理制度；国务院循环经济发展综合管理部门牵头制定重点用水单位的监督管理办法；建设和管护节水灌溉设施，优先发展节水型农业；工业企业制定并实施节水计划，加强节水管理，产业园区企业进行水的分类利用和循环使用；企业应当提高水的重复利用率，对生产过程中产生的废水进行再生利用。总之，循环经济是促进水资源持续利用的重要途径，《循环经济促进法》对经济发展中有关水资源的减量化、再利用以及管理制度、激励措施、法律责任等的规定对提高水资源的利用效率、防治水污染、保护水环境具有非常重要的作用。

7.《中华人民共和国环境影响评价法》

2002年10月28日公布的《中华人民共和国环境影响评价法》（以下简称《环境影响评价法》）于2018年12月29日第十三届全国人民代表大会常务委员会第七次会议第二次修正后实施。该法是针对环境影响评价制度的专门立法，其立法目的是实施可持续发展战略，预防因规划和建设项目实施后对环境造成不良影响，促进经济、社会和环境的协调发展。环境影响评价与饮用水保护的关系主要体现在第四条："环境影响评价必须客观、公开、公正，综合考虑规划或者建设项目实施后对各种环境因素及其所构成的生态系统可能造成的影响，为决策提供科学依据。"由此，环境影响评价制度是饮用水保护法律制度体系中的重要组成部分，《环境影响评价法》对规划和建设项目环境影响评价的评价主体、范围、程序、法律责任等的规定对预防规划和建设项目的实施对饮用水环境造成的不良影响意义重大。

8.《中华人民共和国传染病防治法》

2013年6月29日第十二届全国人民代表大会常务委员会第三次会议修正施行的《中华人民共和国传染病防治法》（以下简称《传染病防治法》），2020年10月2日，国家卫健委发布《传染病防治法》修订征求意见稿。这是一部为了预防、控制和消除传染病的发生与流行，保障人体健康和公共卫生而制定的法律。该法中与饮用水密切相关的规定有：①在国家确认的自然疫源地计划兴建水利、交通、旅游、能源等大型建设项目的,应当事先由省级以上疾病预防控制机构对施工环境进行卫生调查。②用于传染病防治的消毒产品、饮用水供水单位供应的饮用水和涉及饮用水卫生安全的产品,应当符合国家卫生标准和卫生规范。饮用水供水单位从事生产或者供应活动,应当依法取得卫生许可证。饮用水安全有下列情形的,将依法进行处理:①饮用水供水单位供应的饮用水不符合国家卫生标准和卫生规范的;②涉及饮用水卫生安全的产品不符合国家卫生标准和卫生规范的。因此,该法从卫生保障的角度规范了供水单位的涉水行为并明确了卫生行政部门的监督管理职能,对保障饮用水卫生安全有重要的意义。

9.《中华人民共和国长江保护法》

2020年12月26日,中华人民共和国第十三届全国人民代表大会常务委员会第二十四次会议通过《中华人民共和国长江保护法》(以下简称《长江保护法》),自2021年3月1日起施行。该法是我国第一部以流域为实施范围的法律,立法目的是加强长江流域生态环境保护和修复,促进资源合理高效利用,保障生态安全,实现人与自然和谐共生、中华民族永续发展。

该法主要实施对象是在长江流域开展的生态环境保护和修复活动以及在长江流域开展的各类生产生活、开发建设活动。该法中所称长江流域是指长江干流、支流和湖泊形成的集水区域所涉及的青海省、四川省、西藏自治区、云南省、重庆市、湖北省、湖南省、江西省、安徽省、江苏省、上海市,以及甘肃省、陕西省、河南省、贵州省、广西壮族自治区、广东省、浙江省、福建省的相关县级行政区域。该法的基本原则是长江流域经济社会发展,应当坚持生态优先、绿色发展,共抓大保护、不搞大开发;长江保护应当坚持统筹协调、科学规划、创新驱动、系统治理。

《长江保护法》对各级管理机构职能职责进行了规定。其中,国务院有关部门和长江流域省级人民政府负责落实国家长江流域协调机制的决策,按照职责分工负责长江保护相关工作。长江流域地方各级人民政府应当落实本行政区域的生态环境保护和修复、促进资源合理高效利用、优化产业结构和布局、维护长江流域生态安全的责任。长江流域各级河湖长负责长江保护相关工作。国务院和长江流域县级以上地方人民政府应当将长江保护工作纳入国民经济和社会发展规划。国务院发展改革部门会同国务院有关部门编制长江流域发展规划,科学统筹长江流域上下游、左右岸、干支流生态环境保护和绿色发展。长江流域水资源合理配置、统一调度和高效利用,组织实施取用水总量控制和消耗强度控制管理制度由国务院水行政主管部门统筹。长江流域新增建设用地总量控制和计划安排由国务院自然资源主管部门负责统筹。长江流域各省级行政区域重点污染物排放总量控制指标由国务院生态环境主管部门根据水环境质量改善目标和水污染防治要求确定。

在长江流域水资源保护与利用方面,应当根据流域综合规划,优先满足城乡居民生活用水,保障基本生态用水,并统筹农业、工业用水以及航运等需要,具体包括水量分配方案、生态流量管控、年度水量调度,以及相关用水事项的科学论证、控制和管理。《长江保护法》在我国法律中首次建立了生态流量保障制度,旨在提升河湖生态系统的质量和稳定性。该法提出的生态流量管控指标,将生态水量纳入年度水量调度计划,将生态用水调度纳入日常运行调度规程,同时明确了相关法律责任,为生态流量管理提供了法律支撑。

在长江流域饮用水水源地保护方面,由国务院水行政主管部门会同国务院有关部门制定长江流域饮用水水源地名录;长江流域省级人民政府水行政主管部门会同本级人民政府有关部门制定本行政区域的其他饮用水水源地名录;长江流域省级人民政府组织划定饮用水水源保护区,加强饮用水水源保护,保障饮用水安全;长江流域县级以上地方人民政府及其有关部门应当合理布局饮用水水源取水口,制定饮用水安全突发事件应急预案,加强饮用水备用应急水源建设,对饮用水水源的水环境质量进行实时监测。除此以外,长江流域地下水资源保护工作也有相应规定。水污染防治也是《长江保护法》的一项重要内容,目的是加大对长江流域的水污染防治、监管力度,预防、控制和减少水环境污染。

国务院和长江流域县级以上地方人民政府应当加大长江流域生态环境保护和修复的财政投入。国家建立长江流域生态保护补偿制度。国家加大财政转移支付力度,对长江干流及重要支流源头和上游的水源涵养地等生态功能重要区域予以补偿;鼓励长江流域上下游、左右岸、干支流地方人民政府之间开展横向生态保护补偿;鼓励有关单位为长江流域生态环境保护提供法律服务。国家实行长江流域生态环境保护责任制和考核评价制度。长江流域的绿色发展对我国生态安全具有重要意义,《长江保护法》强化了生态系统修复和环境治理,加强了流域内规划建设与政策规章之间的统筹协调,对推进长江上中下游、江河湖库、左右岸、干支流协同治理发挥重要作用。

10.《中华人民共和国环境保护税法》

由中华人民共和国第十三届全国人民代表大会常务委员会第六次会议于2018年10月26日修正通过的《中华人民共和国环境保护税法》(以下简称《环境保护税法》)明确规定:在中华人民共和国领域和中华人民共和国管辖的其他海域,直接向环境排放应税污染物的企业事业单位和其他生产经营者为环境保护税的纳税人,应当依照本法规定缴纳环境保护税。

应税污染物是指《环境保护税税目税额表》《应税污染物和当量值表》中规定的大气污染物、水污染物、固体废物和噪声。其中,应税水污染物按照排放口进行分类计算,结合《应税污染物和当量值表》,区分第一类水污染物和其他类水污染物进行计税。在计算征税额度时,按照污染当量数从大到小排序,对第一类水污染物按照前五项征收环境保护税,对其他类水污染物按照前三项征收环境保护税。

为促进各行各业加大对水污染物减排工作的高度重视和积极推进,该法明确规定纳税人排放应税水污染物的浓度值低于国家和地方规定的污染物排放标准30%的,减按75%征收环境保护税。纳税人排放应税水污染物的浓度值低于国家和地方规定的污染物排放标准50%的,减按50%征收环境保护税。具体工作由生态环境主管部门依照本法和有关环境保护法律法规的规定,对污染物进行监测管理,税务机关直接执行征收工作。该法的颁布,相比之前的《排污费征收使用管理条例》,对排污纳税人的奖惩制度更为明确,尤其是减免措施更有利于推进开展水资源保护工作。

3.1.2.3 相关行政法规

我国目前与饮用水保护相关的行政法规,是国务院为开展水资源保护各项工作,根据《宪法》和相关法律法规制定,经广泛征求意见后颁布实施的。倪艳芳等对此项工作进行了文件汇编工作,简要列举如下。

1.与饮用水保护直接相关的行政法规

(1)《取水许可和水资源费征收管理条例》

2006年4月15日开始施行的《取水许可和水资源费征收管理条例》,顺应经济社会发展和资源保护需要,在2017年3月1日进行了修订。《取水许可和水资源费征收管理条例》是将《水法》中关于水资源管理制度和原《取水许可制度实施办法》中取水许可制度两项制度一并做出规定,包括取水的申请和受理、取水许可的审查和决定、水资源费的征收和使用管理、监督管理以及相关法律责任。该条例对于促进饮用水水源保护、合理配置水资源、节约利用水资源、加强水资源管理等方面都具有重要意义。

(2)《城市供水条例》

《城市供水条例》最初于1994年7月19日发布,2020年3月27日中华人民共和国国务院令第726号进行了第二次修订。此条例是为了加强城市供水管理,发展城市供水事业,保障城市生活、生产用水和其他各项建设用水而制定的重要行政法规。该条例对城市供水工作的原则、主管部门、城市供水水源和工程建设及其设施的保护维护、城市供水经营、相关罚则等做出的规定对于完善供水环节的饮用水保护法律保障非常重要。

(3)《中华人民共和国水土保持法实施条例》

2011年1月8日修订实施的《中华人民共和国水土保持法实施条例》是与《水土保持法》相配套的行政法规,是对《水土保持法》某些原则的解释和措施的具体化,并对法律中没有做出规定的某些事项做出补充。因此,这一行政法规和与之配套的《水土保持法》对于饮用水保护的意义同样重要。

(4)其他相关条例法规

自2009年10月1日起施行的《规划环境影响评价条例》,是配套《环境影响评价法》制定的,目的是加强对规划的环境影响评价工作,提高规划的科学性,从源头预防环境污染和生态破坏,促进经济、社会和环境的全面协调可持续发展。

1988年6月10日颁布实施的《中华人民共和国河道管理条例》,根据河道管理工作需要,2018年3月19日进行了第四次修订。它是根据《水法》制定的为了加强河道管理,保障防洪安全,发挥江河湖泊综合效益的行政法规,主要作用是为开发利用江河湖泊水资源和防治水害,促进各项事业发展提供保障。

2011年1月8日第二次修订后开始施行的《中华人民共和国防汛条例》,是根据《水法》制定的促进防汛抗洪工作,实行"安全第一,常备不懈,以防为主,全力抢险"的方针,保障人民生命财产安全和经济建设顺利进行的行政法规。

2017年3月1日第三次修订后施行的《中华人民共和国水文条例》，是根据《水法》和《防洪法》制定的，为加强水文管理，规范水文工作，为开发、利用、节约、保护水资源和防灾减灾服务，促进经济社会可持续发展的行政法规。

各项行政法规在各自领域内发挥着相应的重要作用，是饮用水保护法律体系的组成部分。

2.与饮用水保护直接相关的规范性文件

（1）国务院发布的规范性文件

除了行政法规，国务院及其办公厅还制定颁布了一些规范性文件，以便使饮用水保护工作更加具有针对性。较为适用的包括：2004年4月19日发布的《国务院办公厅关于推进水价改革促进节约用水保护水资源的通知》（国办发〔2004〕36号）；2005年8月17日发布的《国务院办公厅关于加强饮用水安全保障工作的通知》（国办发〔2005〕45号）；2012年1月12日发布的《国务院关于实行最严格水资源管理制度的意见》（国发〔2012〕3号）；2015年4月2日发布的《国务院关于印发水污染防治行动计划的通知》（国发〔2015〕17号）；2016年11月24日发布的《国务院关于印发"十三五"生态环境保护规划的通知》（国发〔2016〕65号）；等等。

（2）部门规范性文件

与饮用水保护相关的部门规章主要是生态环境部、水利部及其相关部门根据《宪法》、法律和行政法规的规定和国务院的决定，在本部门的权限范围内制定和发布的调整本部门范围内的行政管理关系的，并不得与《宪法》、法律和行政法规相抵触的规范性文件。2008年以来，颁布的与饮用水保护相关的规范性文件约有20个，主要由生态环境部和水利部发布。

生态环境部发布的有：①《国家环境保护总局办公厅关于印发〈全国饮用水水源地基础环境调查及评估工作方案〉的通知》（环办〔2008〕28号）；②《环境保护部办公厅关于进一步加强饮用水水源安全保障工作的通知》（环办〔2009〕30号）；③《环境保护部办公厅关于进一步加强分散式饮用水水源地环境保护工作的通知》（环办〔2010〕132号）；④《环境保护部办公厅关于开展全国城市集中式饮用水水源环境状况评估工作的通知》（环办〔2011〕4号）；⑤《环境保护部办公厅关于印发〈集中式地表饮用水水源地环境应急管理工作指南（试行）〉的通知》（环办〔2011〕93号）；⑥《环境保护部办公厅关于加强汛期饮用水水源环境监管工作的

通知》(环办〔2011〕94号);⑦《环境保护部办公厅关于印发〈集中式饮用水水源环境保护指南(试行)〉的通知》(环办〔2012〕50号);⑧《环境保护部办公厅关于开展地级以下城市集中式饮用水水源环境状况评估工作的通知》(环办〔2013〕16号);⑨《环境保护部办公厅、水利部办公厅关于加强农村饮用水水源保护工作的指导意见》(环办〔2015〕53号);⑩《环境保护部办公厅关于印发〈全国集中式生活饮用水水源水质监测信息公开方案〉的通知》(环办监测〔2016〕3号);⑪《环境保护部、发展改革委、科技部等关于印发〈水污染防治行动计划实施情况考核规定(试行)〉的通知》(环水体〔2016〕179号);⑫《环境保护部、水利部关于印发〈全国集中式饮用水水源地环境保护专项行动方案〉的通知》(环环监〔2018〕25号);⑬《生态环境部、水利部关于进一步开展饮用水水源地环境保护工作的通知》(环执法〔2018〕142号)。

水利部发布的有:①《水利部关于开展全国重要饮用水水源地安全保障达标建设的通知》(水资源〔2011〕329号);②《水利部关于印发全国重要饮用水水源地名录(2016年)的通知》(水资源函〔2016〕383号);③《水利部、住房城乡建设部、国家卫生计生委关于进一步加强饮用水水源保护和管理的意见》(水资源〔2016〕462号);④《水利部关于印发〈水功能区监督管理办法〉的通知》(水资源〔2017〕101号)。

其他较为重要的规范性文件有,2010年12月22日修正发布的《饮用水水源保护区污染防治管理规定》和2016年4月17日第二次修改发布的《生活饮用水卫生监督管理办法》。

3.与饮用水保护相关的地方性法规、地方政府规章

地方性法规和地方政府规章是由具备立法权的地方权力机关和地方政府机关,基于《宪法》、相关法律、行政法规制定的规范性文件。这些规范性文件是根据当地实际情况,围绕特定环境资源问题有针对性制定的,具有较强的可操作性。其中与饮用水保护相关的地方性法规、地方政府规章,主要为各地颁布实施的水污染防治条例、水资源管理条例以及水源保护条例,如《四川省水资源调度管理办法》《重庆市水资源管理条例》《湖北省城镇供水条例》《贵州省水资源保护条例》《上海市黄浦江上游水源保护条例》等。

4.与饮用水保护相关的行业标准和指南

与饮用水保护相关的行业标准主要包括环境标准和卫生标准。环境标准是规定环境中污染物的允许含量,污染源排放物的数量、浓度、时间和速率及其他有关的技术规范。卫生标准是规定生产、生活环境中化学的、物理的及生物的有害因素的卫生学容许限量值的技术规范。这些标准是经国家有关部门批准并发布的法定标准,具有法律效力。同时,为满足社会经济发展和环境保护需要,它们也会由相关部门按照合理的修订程序进行修订。

主要行业标准:《饮用水水源保护区标志技术要求》(HJ/T 433—2008)、《农村饮用水水源地环境保护技术指南》(HJ 2032—2013)、《集中式饮用水水源编码规范》(HJ 747—2015)、《集中式饮用水水源地规范化建设环境保护技术要求》(HJ 773—2015)、《集中式饮用水水源地环境保护状况评估技术规范》(HJ 774—2015)、《饮用水水源保护区划分技术规范》(HJ 338—2018)。

行业指南:《全国集中式生活饮用水水源地水质监测实施方案》;《农村饮用水水源地环境保护项目建设与投资指南》;《畜禽养殖禁养区划定技术指南》;《生态保护红线划定指南》;《集中式地表水饮用水水源地突发环境事件应急预案编制指南(试行)》;《生态保护红线管理办法(暂行)》;《全国重要饮用水水源地安全保障评估指南(试行)》;《生活饮用水集中式供水单位卫生规范》。

现行适用的技术标准:《生活饮用水卫生标准》(GB 5749—2006)、《地表水环境质量标准》(GB 3838—2002)、《地下水质量标准》(GBT 14848—2017)、《饮用水水源保护区划分技术规范》(HJ 338—2018)、《水功能区划分标准》(GB/T 50594—2010)、《城市居民生活用水量标准》(GB/T 50331—2002)、《污水综合排放标准》(GB 8978—1996)、《城市供水水质标准》(CJ/T 206—2005)、《生活饮用水水源水质标准》(CJ 3020—93)等。

3.1.3 长江流域相关规章制度

作为世界第三大流域,长江流域横跨中国东部、中部和西部三大经济区,涉及19个省(自治区、直辖市)。实际上,在长江流域除了水利部2016年发布的《全国重要饮用水水源地名录》上的水源地以外,全流域内各省(自治区、直辖市)的城镇饮用水水源地达1000余处,供水服务人口超2亿人。为满足流域内数量众多的饮用水水源地饮水安全的需要和控制流域内的工业企业、城镇废污水排放所存在的环境风险,各地出台了相应的饮用水水源保护的地方性法规。

谢福琛对长江干流及主要支流在内的有关饮用水水源保护的地方性法规进行了梳理,截至2019年12月31日,9个省市颁布了饮用水水源保护条例,47个市(自治县)实现了地方性立法。各地方立法的特征归纳情况如图3.1-2所示。

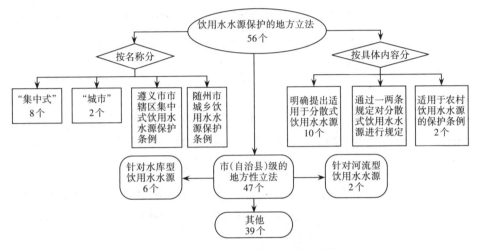

图3.1-2　长江流域地方立法分类统计情况

3.1.4 饮用水安全法律对比分析

通过归纳美国、日本、英国等国家对饮用水安全监管的做法,对比分析我国的法律体系,取长补短,总结出以下经验:

1. 法律体系完备

纵观美、日、英等国在保障饮用水安全方面的法律历程,它们在经济发展过程中,逐渐健全法律规范,在具体实施过程中不断修订和完善立法。适用的法律法规涵盖面广,涉及饮用水开发、利用、保护、应急等各个方面,各部门行使管理职责时,法律依据明确,权责清楚。

2. 监督管理分离

无论饮用水行业是国有还是私有,各国都坚持以政府机关管理为主导,同时设立内部独立的第三方机构作为监管组织,做到监管分离,以发挥最大能效。如英国设立了第三方监管机构——饮用水监督委员会,向国民行使职责,对饮水安全独立监管,当出现水安全危机时及时向社会公布,避免政府由于各种原因向社会隐瞒。

3.部门权责清晰

在职能部门的布设方面,各国均实行分级管理。管理机构职权相互衔接且不冲突,使每个部门都各司其职、各尽其能,一旦违反法令就要承担相应的责任。如美国的《安全饮用水法》和英国的《波恩安全饮用水宪章》均规定,管理机构从中央到地方分级管理,权责明确且统一,权力部门各司其职、分工明确、协同出力、依法治水,保障饮用水安全。

4.信息公开透明

政府建立饮用水信息共享机制,由第三方具体执行,公民不仅可以随时查询本地区饮用水安全的实时监测情况,还可以监督政府的职权行使情况,使得民众可以更好地参与安全饮用水的管理,充分尊重公众知情权,调动公众参与。如美国设立饮用水安全协会,通过分析讨论案件、协调利益,在出现纠纷时能在协调各方诉求的基础上达成共识,让社会来管社会能够管理的事务。这种做法创新了社会管理模式。

5.监测严格面广

对比各国的饮用水水质检测情况可知,不仅检测标准严格,检测项目覆盖面广,而且根据时代需求和技术进步,饮用水水质检测指标都在不断提高和更新。以我国的饮用水水质检测要求为例,1985年出台的《生活饮用水卫生标准》里,只有35项检测项目,饮用水浑浊度的指标是"3—5",其中关于无机污染物的检测项目居多,涉及的有机污染物、农药较少,而且没有检测如藻毒素等微生物的指标;2006年12月29日,由卫生部和国家标准管理委员会联合发布的《生活饮用水卫生标准》(GB 5749—2006)则有106项检测项目,饮用水浑浊度指标提高到"1—3",微生物学指标由2项增至6项,增加了对贾第鞭毛虫、隐孢子虫等易引起腹痛等肠道疾病、一般消毒方法很难全部杀死的微生物的检测。饮用水消毒剂由1项增至4项,毒理学指标中无机化合物由10项增至22项,增加了对净化水质时产生二氯乙酸等卤代有机物质、存于水中藻类植物微囊藻毒素等的检测。有机化合物由5项增至53项,感官性状和一般理化指标由15项增至21项。

6.工作阶段相似

各国在开展饮用水水源保护工作中,通常包括以下几个阶段:成立一个由各种利益相关者组成的水源保护委员会;划定水源保护区;确定对饮用水水源的潜在威胁;评估与每个威胁相关的风险;建立和实施应对威胁的计划;广泛开展公共教育;等等。

3.2 保护区设置及划分

3.2.1 国外饮用水水源地保护区划分

3.2.1.1 美国

尽管美国不是最早开展水源保护区划分相关工作的,但是进展迅速。美国划分饮用水水源保护区的目的是识别影响水源地水质的土地、水体区域。划分饮用水水源保护区的方法有很多,美国地方、州及联邦机构进行水源保护区划分的主流方法主要有3种:地形边界划分法、阶梯式后退/缓冲地带法和迁移时间计算法。各划分方法的保护区范围具有明显差异,具体划分结果见表3.2-1。

表3.2-1 美国地表水水源保护区划分方法

划分方法	保护区范围	特点
地形边界划分法	沿着取水口上坡地的最高点画1条连接线,确定流域分水岭,以流域分水岭为保护区边界	对全流域进行管理,同时还考虑地下水的贡献
阶梯式后退/缓冲地带法	沿河岸,取水口上游宽度为15.24—60.96 m的植被带	兼具过滤地表径流、增加地下水渗透和野生动物栖息地等功能
迁移时间计算法	利用水质模型,计算污染物从上游监测点到取水口的迁移时间	直接保护取水口,有利于对突发污染事件进行应急管理和识别污染源

在以上推荐的3种划分方法中,美国各州目前主要采用地形边界划分法,即根据流域边界确定水源保护区范围。实践证明,这种对水源实行全流域管理的方法,保护效果较好。但阶梯式后退/缓冲地带法和迁移时间计算法也有较为重要的借鉴作用,有研究利用24小时迁移距离将水源保护区划分成不同易感区,同时确定污染源的敏感性等级,应急预警效果较好。

3.2.1.2 德国

德国位于欧洲中部,是较早开展水源地保护区划分工作的国家之一。德国以地下水为主要供水水源,占据全国总供水量的65%,地表水源为辅,约占20%。由于河流水质较差,且不稳定,加上从技术层面处理河水变为饮用水费用过大,因此一般不推荐河流水为饮用水直接水源。按照德国《水法》要求,所有饮用水取水口都要建立水源保护区,水源保护区至少要包括流域区内取水口上游区,保护区内部分级划出三个分区,分区应以取水口为中心向外展开。德国水源地保护区划分方案见表3.2-2。

表3.2-2 德国水源地保护区划分方案

水源类型	级别	划分方案
河流	Ⅰ级区	取水口
	Ⅱ级区	取水口上、下游河段各一段,上下游河段距离以河水每日流经距离为界;左右河岸两侧陆地范围不低于50 m
	Ⅲ级区	河流全部或部分流域
湖泊	Ⅰ级区	取水口,包括:内部区ⅠA(取水管道两侧纵深100 m以上);外部区ⅠB(取水口附近湖岸范围,岸宽100 m,岸长1000 m以上)
	Ⅱ级区	附近区,包括:内部区ⅡA(湖水面剩余部分及汇入河道下游水面);外部区ⅡB(湖岸宽100 m,流入河道下游左右岸,宽100 m,湖岛屿)
	Ⅲ级区	远区,包括:内部区ⅢA(接B子区,宽500—2000 m);外部区ⅢB(湖水流域范围剩余部分)
水库	Ⅰ级区	水库水面及库岸带纵深100 m范围(水库水面及库岸纵深在100—200 m)
	Ⅱ级区	流域地表河流左右两岸,岸宽100 m(流入河道水域)
	Ⅲ级区	水库所在流域区其余部分(水库流域剩余部分:ⅢA、ⅢB)
地下水	Ⅰ级区	取水口,边界距离取水口10—15 m
	Ⅱ级区	50 m流距等值线,Ⅱ级分区外缘线至取水口距离以地下水50 m流距为界,50 m流程以取水口为起点
	Ⅲ级区	流域剩余部分,一般为ⅢA、ⅢB

3.2.1.3 其他

实际上,对于水源地保护区划分,世界各国均有开展此项工作。尤其是发达国家更是对此非常重视。英国《污染控制法》授权水管局在所辖水域内划定保护区,根据保护范围分三级进行保护,各保护区内设有禁止或限制特定的内容。早在1964年,法国就提出设立特别水域管理区的理念,明确指出应严格控制和管理水域管理区域内的水流状。其他国家结合自身情况,对水源地保护区的划分标准也做了相应规定。具体如表 3.2-3 所示。

表 3.2-3　不同国家水源地保护区的划分标准

国家	一级区	二级区	三级区
英国	50 d≥50 m	4000 d,面积不小于流域面积的 25%	流域区界,半径不小于 5000 m
芬兰	取水区	60 d	流域边界
瑞典	井区	≥100 m,≥60 d	流域区界
澳大利亚	直接防护区,10—20 m	50 d(≥50 m)	局部防护区
瑞士	10—20 m	≥100 m	流域区界
荷兰	井区	集水区 50—60 d	滞留 20 年保护区

3.2.2 我国饮用水水源地保护区划分

根据环境保护部于 2018 年 3 月 12 日发布,7 月 1 日起实施的《饮用水水源保护区划分技术规范》(HJ 338—2018),我国水源地保护区主要分为地表水饮用水水源保护区和地下水饮用水水源保护区,地表水饮用水水源保护区包括一定范围的水域和陆域,地下水饮用水水源保护区则是影响地下水饮用水水源地水质的开采井周边及相邻的地表区域。

饮用水水源地保护区的设置划分,主要从五个方面着手:

①饮用水水源地(包括备用的和规划的)都应设置饮用水水源保护区。饮用水水源存在以下情况之一的,应增设准保护区:一是因一、二级保护区外的区域点源、面源污染影响导致现状水质超标的,或水质虽未超标,但主要污染物浓度呈上升趋势的水源;二是湖库型水源;三是流域上游风险源密集,密度大于 0.5 个/ km² 的水源;四是流域上游社会经济发展速度较快、存在潜在风险的水源;五是地下水型饮用水水源补给区应划为准保护区。

②饮用水水源保护区的设置应纳入当地社会经济发展规划、城乡规划、水污染防治规划、水资源保护规划和供水规划。跨县级及以上行政区的饮用水水源保护区的设置应纳入有关流域、区域、城市社会经济发展规划和水污染防治规划。

③在水环境功能区和水功能区划分中,应优先考虑饮用水水源保护区的设置和划分,并与水环境功能区和水功能区相衔接。跨县级及以上行政区的河流、湖泊、水库、输水渠道,应协调两地的水环境功能区划和水功能区划,其上游地区不得影响下游(或相邻)地区饮用水水源保护区对水质的要求,并应保证下游有合理水资源量。

④饮用水水源保护区的水环境监测与污染源监督应作为监督管理工作的重点,纳入地方环境管理体系中。当不能满足保护区规定的水质要求时,应及时扩大保护区范围,加强污染治理。

⑤应对现有饮用水水源地进行评价和筛选。对于因污染已达不到饮用水水源水质要求且经技术、经济论证证明饮用水功能难以恢复的水源地,应有计划地选址建设新水源地。

另外,根据饮用水水源地涉及行政区域的不同,其相关保护方案的批准实施存在一定的差异。主要体现在是否跨行政区域,若在行政区域内,则由相关市、县政府提出方案,上级主管部门进行审批;若饮用水水源保护区存在跨市、县情况,则由有关市、县政府提出协商方案,上级主管部门协调提出相应方案并批准。具体示意流程见图3.2-1。

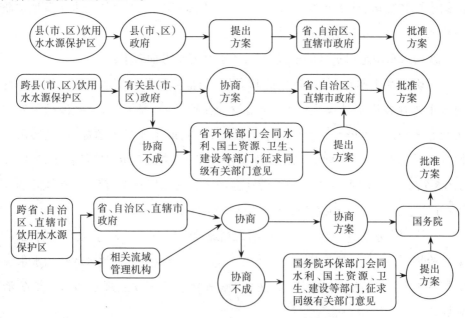

图3.2-1 饮用水水源保护区方案审批流程示意图

3.3 监控监管体系

我国目前的监管模式为"分部门、分级监管",供水、用水、排水分别由不同的部门实施监管职责。涉及饮用水安全的部门主要有水行政主管部门、生态环境部门、住房和城乡建设部门、卫生部门等。

目前,我国水行政主管部门按照职责和管辖范围,从上到下主要包括水利部、各流域管理机构和地方各级水利部门。我国水行政主管部门对水资源进行开发利用,制定水利发展的政策和规划,起草法律法规和制定部门规章;对生活用水、生产用水和生态用水进行协调和保障;防洪抗旱;指导水文工作,维护和管理水利设施;等等。总的来说,水行政主管部门的工作就是对水资源进行开发利用和保护,由于其职权涉及饮用水安全,所以水行政主管部门在保障饮用水安全方面有着非常重要的作用。

生态环境部门主要是依据《环境保护法》和《水污染防治法》对饮用水安全工作实行统一监督管理。

城市供水的监督管理工作主要由住房和城乡建设部门负责。卫生部门则基于《传染病防治法》,从人身体健康角度出发,保证饮用水卫生安全,对涉及饮用水卫生安全的产品进行监督,发放卫生许可证。

此外,为全面掌握并监管各重要饮用水水源地水质状况,我国还设立了住房和城乡建设部城市供水水质监测中心。其主要职责是依据我国生活饮用水卫生标准的相关规定,对饮用水和城市供水(包括原水、出厂水和管网水)进行定期检测,并对水质的状况做出统计、分析和评估,相关结果直接上报生态环境部。另外,按照相关要求,定期对水源水和新水源水的水质进行必要的监测,辅助监管水质。

各监管部门职能职责概括如图 3.3-1。

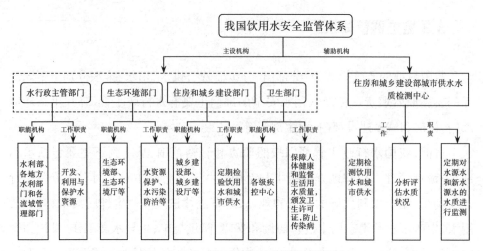

图 3.3-1 我国饮用水安全监管体系

水源地保护工作内容之一是维持水源地生态系统的健康和可持续性。水源地生态系统开展的相关研究工作,主要是基于景观生态学,在特定的水源地研究对象中,量化生态系统服务功能,开展水源地健康评价,为饮水安全工作的开展提供理论支撑。本章节主要对涉及水源地生态系统的生态系统结构及其量化、生态系统服务价值及其量化、生态系统健康与评价及目前正在开展的生态补偿机制进行介绍。

4.1 生态系统结构及其量化

4.1.1 生态系统结构及格局

生态系统结构主要指构成生态诸要素及其量比关系、各组分在时空上的分布及各组分间物质、能量、信息流动的途径与传递关系。近20年来,生态系统结构的相关研究工作涉及生态学、环境科学、水土保持学、水利工程等诸多学科,但绝大多数局限于单学科领域内,需要开展与生态学相结合的各学科交叉系统研究。整体上,在生态系统领域开展的相关研究中,共性特点是将结构与服务功能相联系,把人类活动和生态系统结构、功能服务互相整合,传递空间格局与尺度之间的功能联系。

生态系统格局则主要涉及景观生态学,通过空间格局与尺度之间的耦合,将生态景观结构、功能以"空间语言"的形式,进行具体、形象的有效表达。生态系统通常是基于空间,由此,生态系统格局可由生态学的景观格局空间异质性来进行描述和表达。异质性是指特定系统及其系统属性在时间属性上的动态变化。一般而言,景观空间格局是景观异质性的外在表现形式,涉及景观要素斑块和其他结构成分的类型、数目以及空间分布与配置模式,即斑块—廊道—基底这一景观生态学模式。斑块主要由植物、群落、草原、湖泊及农田等面状连续体组成。廊道主要是指护林带、道路及河流等线性或者带状结构的景观。比较常见的基底主要包括那些在景观结构中连续分布且面积较大的生态背景结构,如森林、草原、农田以及一些城市用地基底等。

随着学科交叉的深入,以景观格局为范畴的生态系统格局的研究,也拓展至基于流域尺度的生态系统格局,即流域生态学。其关注对象,以流域内的高地、滨岸带、水体结构和功能为主,研究结构成分之间的相互影响和作用,也属于生态学的分支。实质上,这是基于山—水—林—田—湖—草—沙生命共同体,衍生而来的流域生态学的研究载体和研究尺度。

目前,景观格局分析中广泛应用的遥感(RS)和地理信息系统(GIS)技术,在选取适宜的景观格局指数方面具有不可替代的技术优势,是景观格局和过程研究较为热门的高效率的新方法。如王宪礼、肖笃宁等基于遥感和地理信息系统,以辽河三角洲的湿地为研究对象,对景观格局和异质性特征的聚集度指数进行研究与分析。鄢帮有等以长江中下游的鄱阳湖区为研究区域,基于遥感与地理信息系统技术,联系土地利用变化与生态系统服务价值,估算了1988—2000年间土地利用变化对生态系统服务价值的影响及其空间分布规律。刘慧明等以2010—2015年为研究时段,基于单位面积价值当量因子的生态系统服务价值化方法和地理信息空间分析,定量分析了25个国家重点生态功能区在实施转移支付后生态系统服务价值的时空分布格局及其变化特征,为分类分区开展生态系统保护、改善及其效果的定量综合评估提供科学依据。

目前,在景观生态学及景观格局方面的大量研究,取得的研究成果,不仅从理论和技术方面为生态系统的相关研究提供了支持,也使得生态系统机构及服务功能的研究得到扩展。

4.1.2 基于景观格局的生态系统空间结构量化

4.1.2.1 景观格局

景观格局即为通常意义的空间格局,由大小、形状各异的景观要素——斑块、廊道和基质组合排列成不同的组合体,并呈现出随机性、均匀性或聚集性分布特点,是复杂的物理、生物和社会因子相互作用的结果。景观格局研究包括景观组成、异质性、斑块间关系、格局动态、格局等级结构、"源—汇"景观格局、景观格局与功能等,具有显著的空间异质性,涉及气象、水文、地貌、地质、土壤等。景观格局指数、空间自相关法和景观模型分析法是定量分析流域景观的主要方法。

1.景观格局指数

景观格局指数是将景观结构组成和空间配置特征进行高度浓缩后,简单化反映景观格局的方法。较常用的有破碎化指数、边缘特征指数、形状指数、多样性指数等,以及结合GIS技术的指数方法,如孔隙度指数、聚集度指数和景观空间负荷比指数等。各种指数的计算,均以粒度为核心开展相关研究。如O'Neil的研究指出小斑块的景观格局指数涉及的粒度,应选择最小斑块对象面积的20%—50%。但苏常红等人对黄土高原延河流域的研究则表明,土地利用图的比例尺范围会影响粒度的取值,其中1:25万土地利用图的适宜粒度范围是70—90 m,1:50万的则是90—120 m。

2.空间自相关法

在实际景观中,其空间分布通常具有一定的地域连续性和扩散性特点,也就使得这些结构变量会呈现出一定的空间自相关关系。通过自相关关系特征的描述,对景观格局演变的时空变化规律进行解释的方法即空间自相关法。通常情况下,该方法多基于遥感影像数据,与景观多样性指数、分形几何学方法等进行综合应用,可减弱其自身受自然和地形因子的不利影响,从而提高方法应用的可靠性。

3.景观模型分析法

景观格局的变化除自然地理要素以外,还与人类活动相关的多种人文因素密切相关。因此,景观模型也由早期的空间马尔科夫模型逐渐演变为智能体模型。空间马尔科夫模型将不同历史时期的调查、监测资料作为研究本底值,形成转移矩阵,基于自然因素对未来景观格局的趋势进行预测,几乎不考虑人文因素。这也就导致该方法在应用时,受到巨大的地域局限性。为克服这一缺陷,智能体模型不仅考虑自然地理因素变化,还可以结合复杂的人类活动,确定不同的决策目标,整合自然和人文双方面因素,以获得更好的模拟结果,这显示出了其优越性。

4.1.2.2 景观格局与过程

生态过程离不开景观空间的依托,景观格局对生态过程起宏观控制作用。两者相互交融,具有非线性耦合关系。景观格局与过程的关系主要集中在流域景观格局动态及驱动力、景观格局与水质、径流量、侵蚀产沙、生态服务价值、生态功能分区等。例如,陈俊华等利用2005年度的IKONOS4卫片解译数据、1:1万林相图、2007年度森林资源二类小班调查资料,结合样地调查和地面观测数据,对长江上游防护林重点流域林地景观格局(包括纯林、混交林、竹林、经济林、耕地、交通用地、水体、建筑用地等)调整前后的生态经济效益和景观格局的变化进行了对比研究,发现纯林太多时景观破碎度增加。

在实际工作中,景观格局中的自然因素与人文因素密切相关。若因子变量直接受人为控制,各自然景观格局指标,包括总斑块数目、平均斑块大小、总边界密度、分维数、蔓延度、聚集度等,会表现出不同的响应敏感度。例如,Park将城市人口增长与不同尺度的景观结构演变和功能变化相结合,模拟城市化对景观组成和配置的累积影响,从而实现对景观功能变化的预测,对生态系统的景观可持续发展进行衡量。在德国—捷克—波兰三角地区,Kaendler等人的研究结果表明,流域水质与土地利用密切相关,密集的居住区降低了流域水质。

4.1.3 基于流域的生态系统空间结构量化

流域生态学的相关研究及相应成果,在不同学科背景条件下,既有分散成果也有学科融合成果。从流域结构组成的角度,不同流域尺度下,地貌结构具有不同的特征。在地貌形态上,海拔、坡度、坡向、形态密度、地形能量、面积、沟谷等级等是地貌结构量化较为常用的指标。当遥感、地理信息系统和全球卫星导航系统可提供高精度、大范围的流域地貌数据之后,量化地貌结构、现流域地貌规律的手段方法能更高效、准确。同时,地表物质过程的相关模型应用,如水文模型、土壤侵蚀模型等,将流域水文过程和土壤侵蚀相结合,使得流域空间的结构量化问题更具有操作性。

通常情况下,水源地一般划属于流域范畴,并且流域通常远大于水源地范围。在水源地范围内,其生态系统结构是为水源地水量和水质服务。在水源地的生态系统结构方面,开展的工作主要聚焦在水源地生态系统服务及其生态补偿机制、水涵养功能、健康评价、湿地建设、水质安全、污染防治等方面,其目的是为建立流域尺度的长效保护机制提供依据。

4.2 生态系统服务价值及其量化

4.2.1 生态系统服务价值内涵

生态系统服务价值是指为维持人类生存,生态系统所提供的自然环境条件及效用,既包括为人类提供物质产品、文化娱乐服务等直接利用价值,也包括保护环境、维持生态平衡等间接利用价值。评估生态系统服务价值是生态保护、生态功能区划、自然资产核算和生态补偿决策的重要依据和基础,涵盖了国民生产的各个部门。

1970年,《人类对全球环境的影响报告》首次列出自然生态系统的环境服务功能,包括水土保持、土壤形成、传粉、昆虫控制等方面。该概念被诸多学者广泛应用于不同区域尺度,衍生发展形成的"生态系统服务功能"定义也逐渐被人们认可。

在社会经济发展和人类活动的影响下,自然空间格局和生态环境保护之间,始终存在博弈。为衡量并优化不同尺度的生态系统服务功能,改善生态环境质量,1997年,Daily、Constanza提出了全球生态系统服务价值的概念和计算方法,其后,在区域、流域、生态系统等方面开展了大量的研究工作,该计算方法也由此得到不断改进,促进了对全球资源、环境价值评估的研究。

随着对生态环境系统认识的逐步深入和环境保护工程的全覆盖,生态系统价值所表现出来的外在形式,较为普遍接受的分类是从作用于主体的效应角度开展的,包括有形的物质性产品价值和无形的功能性服务价值两类。根据作用主体,其构成如表4.2-1所示。

表4.2-1　生态系统服务价值形式构成表

	产品价值	有形的直接作用于主体	渔产品、林产品、建材、药材、发电、航运等
生态系统服务价值	服务价值	无形的间接作用于主体	保持土壤、防风固沙、调节气候、吸尘滞尘、水源涵养、净化空气、保护生物多样性

4.2.2 生态系统服务价值量化方法

事实上,生态系统服务价值由三部分组成,其中只有一部分可以直接使用,一部分为间接使用,还有一部分是为社会环境存续发挥效益的非使用价值。对这些价值构成类别,可通过以下生态系统服务价值计算方法进行量化计算:

1.功能价值法

功能价值法是基于生态系统的单位服务功能开展价值评价的方法。依据生态系统范围的不同,按照植物区系、动物区系及其环境特点,可按照地表水生态系统、草地生态系统、森林生态系统三大类分布进行功能价值量化。

地表水生态系统的功能价值评价,我国一般是根据陆地水生态系统特征,按照河流、水库、湖泊和沼泽四个类型,结合各自的服务功能建立评价指标体系,对其直接使用价值和间接使用价值进行评价。各类水体的直接和间接价值评价指标体系如表4.2-2、表4.2-3所示。

表4.2-2 水生态服务功能直接价值评价指标体系

生态系统类型	服务功能				
	供水	水力发电	内陆航运	水产品生产	休闲娱乐
河流	√	√	√	√	√
水库	√	√		√	√
湖泊	√	√	√	√	√
沼泽	√	–	–	√	√

表4.2-3 水生态服务功能间接价值评价指标体系

生态系统类型	服务功能					
	调蓄洪水	河流输沙	蓄积水分	土壤持留	碳固定	生物多样性维持
河流	–	√	–	–	–	√
水库	√	–	√	√	–	√
湖泊	√	–	√	√	–	√
沼泽	√	–	√	√	–	√

草地生态系统是我国陆地面积最大的生态系统类型,约占全国国土面积的

41%。草地生态系统对维持我国自然生态系统格局、功能和过程平衡,尤其在干旱、高寒等生境严酷地区,更具有特殊生态战略意义。其功能价值的评价主要是针对潜在调节功能和生命支持功能开展,即主要针对不同草地类型,对提供的产品功能、调节功能、文化功能和支持功能进行间接价值评价。根据赵同谦等人的研究成果,可从侵蚀控制、截留降水、土壤碳累积(气候调节)、废弃物降解、营养物质循环、空气质量调节、文化多样性和生境提供这几类指标开展间接价值评价。

森林生态系统具有区别于其他生态系统的生物多样性、结构层次和生态过程,同时也是自然界最丰富和稳定的有机碳储存库、基因库、资源库、蓄水库和能源库,对改善生态环境、维持生态平衡、保护人类生存发展的基本环境起着决定性和不可替代的作用。森林生态系统是陆地上最具典型性的生态系统,因此,对森林生态系统服务价值进行评估,具有重要的现实意义。森林生态系统具有三项主要生态系统服务功能:调节功能、文化功能和支持功能,其经济价值和公益生态价值被广泛关注。自20世纪90年代,以李金昌等为代表的学者,对森林生态系统服务功能价值开展了大量的量化评价研究工作。其中,具有代表性的方法是基于千年评估工作组(MA)的生态系统服务功能分类方法,建立相应的评价指标体系。具体见表4.2-4。

表4.2-4　森林生态系统服务功能价值评价指标体系

功能	产品供给功能		调节功能							文化功能		支持功能	
	林木产品	林副产品	气候调节	光合固碳	涵养水源	土壤保持	净化环境	养分循环	防风固沙	文化多样性	休闲旅游	释放氧气	维持生物多样性
评价内容	√	√	√	−	√	√	√	√	√	−	−	√	√

2.动态当量因子法

该方法以区域尺度为背景,基于自然地理数据,如净初级生产力、降水、土壤保持量空间分布数据等,计算区域内所有生态系统类型提供的所有服务功能及其自然资源价值的总和。其结果受生态系统类型、面积、质量的影响。根据生态系统服务功能,其概化计算模型表达式如下:

$$V = \sum_{c=1}^{n} V_c$$

式中,$c=1,2,\cdots,n$,为生态系统服务功能类型,

V_c 是生态系统的第 c 种生态系统服务价值。

$$V_c = \sum_{l=1}^{n} \sum_{j=1}^{m} D \times F_{c_{ij}} \times A_{lj}$$

式中,$j=1,2,\cdots,m$,为第 c 种生态系统服务功能的第 j 类生态系统,

D 表示 1 个标准当量因子的生态系统服务价值量(元/ hm^2),

$F_{c_{ij}}$ 表示第 j 类生态系统在第 i 地区第 c 类生态系统服务功能的单位面积价值当量因子,

$l=1,2,\cdots,n$,表示一定区域内第 c 种生态系统服务功能在空间上分布的象元数,

A_{lj} 表示各象元面积大小,等面积投影条件下,A_{lj} 为给定常数。

1 个标准单位生态系统服务价值当量因子是指 $1hm^2$ 全国平均产量的农田每年自然粮食产量的经济价值,以此当量为参照并结合专家知识可以确定其他生态系统服务的当量因子,其作用在于可以表征和量化不同类型生态系统对生态系统服务功能的潜在贡献能力。

4.2.3 水生态系统服务功能

水生态系统服务功能,又指水生态系统为人类提供的赖以生存的自然条件和效用,其指定水域范围内的生物群落与水环境相互作用,构成具有一定结构和功能的整体。这些功能包括支撑人类活动所必需的水资源、水电蓄能、渔业等产品,以及调蓄洪水、调节气候、维护生物多样性、固碳生氧、净化水质、休闲娱乐等生态调节、支持和文化服务功能。水生态系统包括地下水、河流、湖泊、水库以及湿地等多种类型,是人类赖以生存和发展的必要条件。

20 世纪 90 年代以来,以河流、湿地、海洋为研究对象的水生态系统服务功能价值研究工作,揭示的生态系统服务价值在诸多环境问题决策中发挥了重要作用;多种研究方法实现的水生态系统服务价值量化结果,对水生态系统服务功能的判断提供了重要参考价值。其发展历程经历了从单一指标到多指标,定性描述到定量分析的过程。被广大学者肯定并广泛推荐的是 2003 年由联合国"千年

生态系统评估"项目提出的分类方法,即产品供给功能、调节功能、文化功能和支持功能四类。其中,产品供给功能是指生态系统为人类提供的产品;调节功能是指调节生态环境的服务功能;文化功能是指人类社会从生态系统中获取的精神感受、消遣娱乐、美学感观体验或者文化教育;支持功能是生态系统对整体生态系统的基础支持功能。

开展水生态系统服务功能价值评估的主要评估方法有,市场价值法、机会成本法、替代工程法、影子工程法和费用支出法等。若涉及水生态修复,则多采用条件价值法。通过检索文献,汇总长江流域内比较具有代表性的湖泊水库的生态系统服务功能价值评估研究成果,详见表4.2-5。

表4.2-5 近10年长江流域生态服务功能价值研究成果对比

湖泊水库	总价值/单位面积价值	主要功能及其价值	方法	资料来源	主要功能/价值比例	备注
千岛湖	571.98亿元/a;9982.1万元/(km²·a)	地表水水资源调蓄价值177亿元,调蓄洪峰径流价值289亿元,释氧价值35亿元,固(减)碳价值63.1亿元	市场价值法、替代工程法、工业成本法	相晨等(2019)千岛湖生态系统服务价值评估	地表水调蓄价值30.94%,调蓄洪峰径流价值50.53%,释氧价值6.12%,固(减)碳价值11.03%	29°22′—29°50′N,118°34′—119°15′E;正常湖区高水位108 m,库区面积为573 km²,总库容为178.4亿 m³
贡湖生态修复区	1065.3万元/a—1381.8万元/a;463.1万元/(km²·a)—600.8万元/(km²·a)	旅游价值297.5万元/a—451.8万元/a;间接使用价值588.0万元/a—743.0万元/a	等效替代、生产函数、意愿调查	王璨等(2017)太湖地区贡湖生态修复区生态系统服务价值评估	旅游价值31%,间接使用价值54%	31°26′N—31°27′N,120°19′E—120°20′E;总面积约为2.32 km²,水域面积约为124.8 hm²
洞庭湖	2154.22亿元/a;8352.23万元/(km2·a)	气候调节价值744.79亿元;调蓄洪水价值1165.70亿元,淡水产品价值155.54亿元;水资源供给价值87.47亿元	市场价值法、替代工程法、旅行费用法	张丽云等(2016)洞庭湖生态系统最终服务价值评估	气候调节价值34.57%;调蓄洪水价值54.11%;淡水产品价值5.36%;水资源供给价值4.06%	枯水期水面面积仅500 km²,丰水期水面面积可达2000 km²,区域多年平均降水1329 mm。多年平均削减洪峰流量11400 m³/s

续表

湖泊水库	总价值/单位面积价值	主要功能及其价值	方法	资料来源	主要功能/价值比例	备注
滇池	385.66亿元/a；12885.75万元/(km²·a)	气候调节价值184.8亿元；调蓄洪水价值18.75亿元；蓄水价值82.25亿元；旅游休闲价值90.68亿元	市场价值法、支付意愿法、机会成本法、替代工程法、旅行费用法等	高伟等(2019)污染湖泊生态系统服务净价值评估——以滇池为例	气候调节价值47.8%；调蓄洪水价值4.9%；蓄水价值21.3%；旅游休闲价值23.5%	水域面积约为300 km²
升金湖	12.52亿元/a；949.1万元/(km²·a)	直接利用价值2.76亿元；间接利用价值9.76亿元	市场价值法、影子工程法、价格替代法	韩松等(2015)升金湖湿地生态系统服务功能价值分析	直接利用价值22.08%；间接利用价值77.92%	30°15′—30°30′N，116°55′—117°15′E；多年平均气温16.14℃，多年平均降水量1600 mm，多年平均蒸发量757 mm
洪湖	100.66亿元/a；2890.86万元/(km²·a)	生物资源价值87.28亿元；科考旅游价值2.639亿元；调蓄洪水价值5.03亿元；水质净化价值6.26亿元	市场价值法、影子工程法、条件价值法、恢复费用法	张垒等(2019)洪湖生态系统服务功能价值评估	生物资源价值86.71%；科考旅游价值2.62%；调蓄洪水价值5.00%；水质净化价值6.2%	13°12′—113°26′E，29°49′—29°58′N；湖泊面积约348.2 km²，平均气温16.6℃，平均降水量1321.3 mm
鄱阳湖流域	4530亿元/a 279.63万元/(km²·a)	物质生产价值2470亿元；水资源供给价值1880亿元；水环境承载力价值192亿元；蓄水能力价值149亿元；水土保持价值12.2亿元	市场价格法、替代成本法	汪金福等(2019)鄱阳湖流域生态系统服务价值评估	物质生产价值54.5%；水资源供给价值41.5%；水环境承载力价值0.4%；蓄水能力价值3.3%；水土保持价值0.3%	鄱阳湖水系涉及的范围南北长约620 km，东西宽约490 km，水域面积约为1.62×10⁵ km²

通过表4.2-5可知,在对长江流域内各湖泊水库开展生态服务功能价值研究时,使用频率比较高的方法是市场价值法,其次是替代工程法。研究评价过程中,考虑的功能价值既涉及直接价值,也涉及间接价值。单位面积价值差异较大,最高的是滇池,达12885.75万元/(km²·a)。

4.3 生态系统健康与评价

4.3.1 产生背景

人类生存与发展离不开自然生态系统提供的各种生态系统服务,如安全的食物、清洁的空气、水质合格且水量有保障的饮用水等。在工业化和城市化进程中,人类活动对自然环境的负面影响不断扩展,导致社会经济发展与环境保护之间矛盾突出。与此同时,生态系统破坏反作用于人类活动,对人类健康产生威胁。为解决人类活动与自然生态系统之间的矛盾,实现社会经济组织、自然系统和人类健康的和谐与可持续发展,生态系统健康学应运而生。1989 年,Rapport 首先指出,符合一定组织结构,具有一定活力及恢复力,并且能够提供一系列服务的生态系统,才是处于健康状态的。此后,这三项指标被广泛应用于水生态系统和陆地生态系统的健康研究,并得到了一致认可。其后,针对生态系统健康的构建原则和评价指标体系逐步建立,并根据不同的评价对象,各学者修正和完善了相关指标,通过指标量化,其更具备可操作性和评价成果直观性。

水生态健康评价是河流管理的基础,是指对水体的物理、化学和生物组分的完整性状态进行评价。在水生态健康评价已有的研究中,受限于生态系统的复杂性和特殊性,多是以生态系统或特定城市区域开展单一尺度的相关研究工作,而多尺度的相关工作仍然较为薄弱。

4.3.2 健康特征

评价生态系统健康的关键在于考虑双向研究特征,即人类活动对生态系统的影响、生态变化作用于人类健康两个层面的理解。在对具体特征的研究中,包括探讨人类活动对生态系统影响程度的评价方法,也有基于社会价值和生物学本质的规范人类活动的相关对策。整体上,生态系统健康应具备以下七个方面的特征。

①不受对生态系统有严重危害的生态系统胁迫综合征的影响。

②具有恢复力,能够从自然的或人为的正常干扰中恢复过来。

③在没有或几乎没有投入的情况下,具有自我维持能力。

④不影响相邻系统,即健康的生态系统不会对别的系统造成压力。

⑤不受风险因素的影响。

⑥经济上可行。

⑦维持人类和其他有机群落的健康,生态系统不仅是生态学的健康,而且包括经济学的健康和人类的健康。

4.3.3 健康评价方法

在现有的各种评价方法中,应用较多的主要有两类:指标体系法和基于形态特征的生态系统健康模型。

4.3.3.1 指标体系法

构建健康评价指标体系,一般根据评价对象的不同,以研究区域社会经济发展和生态系统平衡为最终目标,集合统计数据和调查评价成果,采用相关数学方法,构建评估模型和指标体系。通常按照评价对象、指标类型和具体评价指标三个层次构建评价指标体系。在量化计算过程中,通常采用专家咨询法进行各指标的权重分配。本次以流域为例,总结生态健康评价指标体系,详见表4.3-1。

表4.3-1 流域生态系统健康评价指标体系表

评价对象	分项指标	单项指标	计算方法
水域	生境结构	水质状况指数	指标=Ⅲ类及以上水质监测断面数/全部监测断面数
		枯水期径流量占同期年均径流量比例	指标=枯水期径流量/枯水期同期年均径流量
		河道连通性	指标=每百公里闸坝、水电站等水利工程个数
	水生生物	大型底栖动物多样性综合指数	指标=大型底栖动物的分类单元数、EPT科级分类单元比、BMWP指数和Berger-Parker优势度的算术平均和
		鱼类物种多样性综合指数	指标=鱼类的总分类单元数、香农—维纳多样性指数、Berger-Parker优势度指数的算术平均和
	生态压力	水资源开发利用强度	指标=区域工业、农业、生活、环境等用水量/区域水资源总量×100%
		水生生境干扰指数	指标=水域遭到挖砂、旅游、水产养殖、外来物种等影响
	生态格局	森林覆盖率	指标=森林面积/陆域面积×100%
		景观破碎度	指标=森林、草地等自然植被的斑块数/陆域总面积

评价对象	分项指标	单项指标	计算方法
		重要生境保持率	指标=(生态系统类型分值×该类型面积)/重要生境评价总面积×100%
陆域	生态功能	水源涵养功能指数	指标=植被覆盖度分值×0.4 +植被类型分值×0.4 +不透水面积分值×0.2
陆域	生态功能	土壤保持功能指数	指标=中度及以上程度土壤侵蚀面积/陆域面积
		受保护地区面积占国土面积比例	指标=受保护区域面积/研究区内陆域总面积
		建设用地比例	指标=建设用地面积/流域陆域面积
	生态压力	点源污染负荷排放指数	指标=(0.5×点源COD排放量)/点源COD目标排放量+(0.5×点源氨氮排放量)/点源氨氮目标排放量
		面源污染负荷排放指数	指标=(0.5×面源COD排放量)/面源COD目标排放量+(0.5 ×面源氨氮排放量)/面源氨氮目标排放量

采用专家咨询法,分别对各项指标进行权重赋分,通过下列公式计算得到流域健康指数WHI,根据此标准化分值开展流域生态系统健康尺度评价。

$$\mathrm{WHI} = I_w \times W_w + I_L \times W_l$$

其中:I_w 为水域健康指数值,

W_w 为水域健康指数权重,

I_L 为陆域健康指数值,

W_l 为陆域健康指数权重,

I_w 和 I_L 分别由各自的二级指标加权获得。

水域健康指数值: $I_w = \sum_{i=1}^{n} w_i x_i'$

陆域健康指数值: $I_L = \sum_{i=1}^{n} w_i x_i'$

其中:w_i 为水域和陆域的二级指标权重,

x_i' 为二级指标值。

4.3.3.2 生态系统健康模型

Rapport提出,度量生态系统健康的3个重要指标特征为组织结构、活力及恢复力。将这3个重要指标特征置于三维坐标系,在任一坐标为零的情况下,其余两两坐标之间的相互关系,可构成三种亚健康形态,其相互关系如图4.3-1所示。

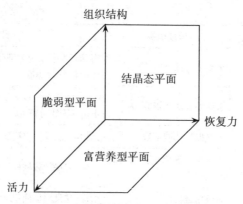

图4.3-1　生态系统健康特征三维图

根据图 4.3-1,当图中三维坐标上的任意一个成分为零时,就形成了一个二维坐标平面图,包括三种形态,即结晶态平面、富营养型平面和脆弱型平面。①活力为零的平面表示仅由结构与恢复力组成的系统,系统很少有或根本没有活力(如冰川、岩石、矿床,等),可视为"结晶态"。②组织结构为零的平面表示仅由恢复力和活力组成的系统,系统几乎不存在组织结构,如营养丰富的湖泊、河流、池塘,或者限于基因选择物种占优势种的早期演替生态系统,一般称为"富营养型"。③恢复力为零的平面表示只有活力和组织结构组成的系统,一般是指管理化程度很高的生态系统,如农业生态系统、水体养殖生态系统和人造林场等,划为"脆弱型"。

从生态系统健康基本定义角度看,"结晶态"生态系统、"富营养型"生态系统和"脆弱型"生态系统均不属于健康生态系统。一个健康的生态系统在活力、组织结构和恢复力之间有一定的动态平衡,能够维持物种多样性和物质交换途径(高的组织结构)的多样性。

因此,生态系统健康评价从生态系统的活力、组织结构和恢复力三个层面组合构建,形成 VOR 模型。其中,V 是指生态系统的生产活力;O 是指生态系统物种之间的结构关系,即组织力;R 是指生态系统恢复其结构和活力的能力,即恢复力。其计算公式为:

$$EHI_i = V_i O_i R_i$$

式中,EHI_i 为第 i 个生态系统健康小区生态系统健康指数,

V_i为第i个生态系统健康小区的生态系统活力指数,用植被归一化指数表示,

O_i为第i个生态系统健康小区的生态系统组织力指数,用生态系统复杂性表示,

R_i为第i个生态系统健康小区的生态系统恢复力指数,用生态系统弹性作为恢复力评价指标。

在应用方面,VOR模型既可用于某个区域在特定时期的生态系统健康评价,也可用于探讨不同时空尺度下生态系统健康的演变。

4.4 生态补偿机制

生态补偿机制是以保护生态环境,促进人与自然和谐发展为目的,依据生态系统服务价值、生态环境保护成本、生态保护区发展机会成本,综合运用政府和市场手段,调节生态保护者与生态受益者之间的公共制度。简单说来,生态补偿机制是采用经济手段实施生态环境保护的人为措施。在实际应用中,有狭义和广义之分。其中,狭义的生态补偿指对由人类的社会经济活动给生态系统和自然资源造成的破坏及对环境造成的污染的补偿、恢复、综合治理等一系列活动的总称;广义的生态补偿则还应包括对因环境保护丧失发展机会的区域内的居民进行的资金、技术、实物上的补偿,政策上的优惠,以及为增强环境保护意识,提高环境保护水平而进行的科研、教育费用的支出。对水源地的生态补偿机制,一般是基于广义的行为。

近年来,生态补偿作为平衡和协调水源地保护方和受益方利益冲突的经济手段,已广泛开展了试点试验与探索。在具体实施过程中,确定生态补偿标准是水源地生态补偿机制的核心和难点,也是衡量和检验该机制科学性和可行性的关键。

4.4.1 生态补偿标准核算方法

对水源地生态系统而言,进行生态补偿标准核算,实际上是对水源地这一特定范围内的水生态系统涉及的水生态保护进行量化计算。可参照4.2生态系统

服务价值量化,对指定的水源地,应用生态系统服务功能价值法、成本核算法、水量—水质补偿法或条件价值法等单一方法或综合多种方法进行计算。

4.4.2 生态补偿工作开展方向

1.建立生态补偿组织管理机构

面对当前饮用水被污染的严峻形势,应当建立具有独立法律地位的饮用水管理机构,并行使饮用水水资源的管理权和行政权,以实现饮用水的综合管理水平提高和利用效率提升。饮用水水源管理机构,要加强饮用水水环境动态监测,创新饮用水水源动态监测体系,实时开展饮用水水质监测,防治水体污染。

2.加大饮用水水源生态补偿的资金扶持力度

安排专项资金用于饮用水的安全保护,以支持饮用水水源保护的工程措施和生物措施。在资金投入的时间机制方面,应建立饮用水资金补偿的长效投入机制,同时加强对资金的统一管理和审计。多渠道拓展饮用水水源生态补偿资金来源,建立多渠道的融资机构,以充分发挥生态补偿资金对饮用水保护的引导和激励作用。

3.提高对饮用水水源生态补偿机制的认识

很长一段时间,人们几乎只注重追求经济效益,而忽视了对环境的保护,尤其是对水环境的保护。随着社会进步与经济发展,人民群众对资源环境安全的认识不断提高,对社会发展、经济建设、国防安全提出了新要求,对生态安全逐渐重视,尤其是对水资源的依赖性增加,伴随水资源负面效应的反作用,对水资源的保护也逐渐演变成为当代社会的重要责任与义务。建立健全饮用水水源生态补偿机制是一项重要的工作,也是区域社会经济健康发展的基础,这已经成为普遍共识。

4.统筹兼顾,改革现有供水体制

饮用水水源的生态补偿机制是生态文明建设中的一项重要机制。各地政府部门应当积极采取措施,建立饮用水水源保护区生态补偿机制。同时,政府应该加强对饮用水供应的管理,对饮用水水源进行保护、治理和生态建设,从而实现社会进步与饮用水水源环境保护的协调发展。

中

篇

措施体系

长江上游地区具有独特的地形地貌、河网水系、生物物种等,在区域水系连通、隔离与防护、点源与面源污染防治、水域净化与生态修复,以及库区消落带植被修复与重建等方面已形成具有长江上游地区特色的水源地安全保障工程措施体系。

5.1 水体连通技术

5.1.1 水体连通内涵

水网由区域范围内的所有水体构成,包括河流、湖库和各类山坪塘。水系是指封闭流域范围内的河流流域。水源是指水系内特定范围的水源地覆盖范围。三者的范围从属关系是水网由多个水系组成,水系范围内涵盖多处水源。

水系连通性可定义为:在自然和人工形成的江河湖库水系基础上,通过人为驱动和自然平衡共同作用,维系、重塑或新建满足一定功能目标的水流连接通道,以维持相对稳定的流动水体及其联系的物质循环的状况。河湖水系通道畅通性包括两方面:水系通道过流能力,主要体现在水系连通对洪水的排泄能力;水系通道是否受人工建筑物阻隔,主要体现在水流通道、生物通道、航运通道等是否受阻。

5.1.2 连通类型

水资源的时空分布不均匀及不合理开发利用导致的水环境恶化问题凸显,使得人与自然核心关系中的人水关系受到更为广泛的关注,人们也逐渐认识到河湖水系连通工程的重要性。2007年首次开展的健康长江研究工作中,水系连通首次在国内成为重要评价指标,其目的是正确处理河流保护与开发的关系,促进人水和谐。2010年9月30日,国务院副总理回良玉在国务院加快水利建设专题会议上着重指出:"抓紧建设一批骨干水资源配置工程、重点水源工程和河湖水系连通工程……着力提高水资源时空调控和城乡供水保障水平。"同年,水利部部长陈雷在水利部科技委全体会议上的讲话中指出:"深入研究河湖水系连通、水量调配和提高水环境承载能力。"

我国河流数量众多,类型丰富,应按照人水和谐、尊重自然演变规律和社会发展规律的原则,综合运用现代水资源学、经济学、社会学、生态学、环境学、地理学、系统工程、信息学原理,指导河湖水系连通的自然保护与人工控制、修复,水资源合理配置和经济社会合理布局,推动流域经济社会与生态系统协调、健康发展。

一般来讲,河湖水系连通是解决水资源短缺、水安全威胁、水环境污染、水生态损害等问题的重要途径之一。在实施河湖水系连通时,需考虑自然地理分异、连通区域和连通目的三个层面的因素,再结合以下八种类型实现河湖水系的功能组合。

按驱动因素可分为自然演进型、人工驱动型、自然—人工复合型等;

按地理位置可分为北方干旱型、南方湿润型、西南高原型、西北内陆型等;

按水系特点可分为山区连通型、平原连通型、平原河网型等;

按空间格局可分为国际连通型、跨流域连通型、流域内连通型、区内连通型、市内连通型等;

按连通目的可分为资源调配型、环境修复型、灾害防御型、综合效益型等;

按连通对象可分为河河连通型、河湖连通型、河库连通型、河湿连通型、河湖城市连通型、市市水网连通型、河渠连通型、组合连通型等;

按连通方式可分为疏通修复型、连通新建型、阻隔断绝型等;

按时间效应可分为短期效应型、长期效应型等。

其中,从水资源管理工作需求角度出发,推荐优先采用连通目的、空间格局和连通对象的分类方式。上述分类体系归纳如图5.1-1所示。

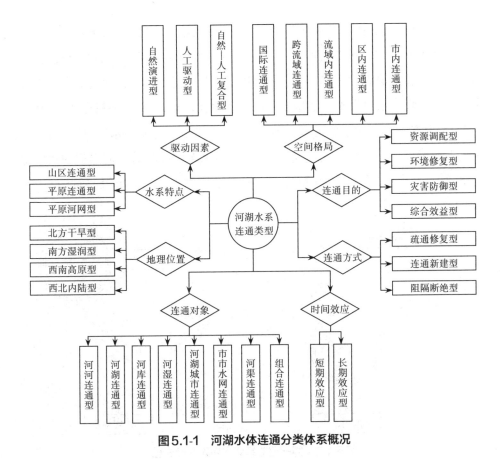

图5.1-1 河湖水体连通分类体系概况

5.1.2.1 水源连通

1.局域水源连通

局域水源连通是指将两个水源工程进行连接,通过水源间调剂互补,达到提高水资源开发利用率、增强系统供水能力的方式。局域水源按照连通对象,有水库—水库串联连通、水库—水库并联连通、河流—水库连通三种方式。

(1)水库—水库串联连通方式

水库串联是指一座水库直接补水至另一座水库,发生直接的水力联系。水库—水库连通方式的连通节点均为有调蓄能力的水库。该类型水源供水能力受目标水库的调蓄库容大小、来水条件的差异、水库间的蓄水量分配状态影响。当两座水库位于同一河流上属于上下游关系时,上游水库的弃水会流入下游水库,这种情况会增加优化调度的复杂性。串联水库可通过水库间的补偿作用提高水库群的综合效益,但由于两座水库的大小、入库径流大小等差别,水库的连通模式对串联水库的综合效益会产生不同的效应。当两座水库位于不同河流时,可以通过引水管道或者输水隧洞将上库(引水水库)的蓄水引入下库(受水水库),由下库对共同用水户供水。根据水库位置和库容差异,有两种串联方式:①大补小模式,为充分发挥大水库的调蓄能力,从大水库引水补充小水库,后经过小水库供水至用水户。②小补大模式,为减少因小水库调蓄能力弱而造成的水资源浪费,从小水库引水至大水库更有利于水库系统供水能力的提升。(见图5.1-2、图5.1-3)

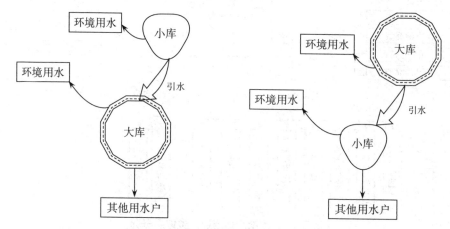

图 5.1-2 同一河流串联水库连通模式图

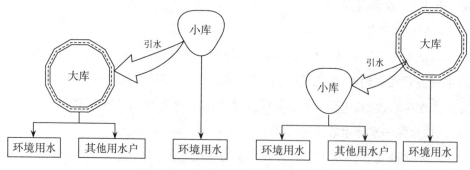

图 5.1-3 不同河流串联水库连通模式图

(2)水库—水库并联连通方式

水库并联是指水库之间并不发生直接的水力联系,而是通过供水管道连接为共同用水户供水,从而产生间接的水力联系。并联水库的最佳调节方式为补偿式调节,即一座水库作为优先供水水库,当出现供水不足的情况时由另一座水库进行补偿供水。根据并联水库调节库容大小,并联水库可分为"大蓄补小""小蓄补大"和"双蓄互补"三种模式(见图5.1-4)。

"大蓄补小"模式为优先利用小水库的用水,充分发挥大库的调蓄作用,有利于减小水资源浪费。"小蓄补大"模式为水库系统的供水能力主要由大库决定,小水库只需在大水库出现供水短缺时进行补充,即可提高水库系统的供水能力。"双蓄互补"模式为两库在一定的分水比例下分别为用水户供水,不区分明显的供水和补偿水库,在一定条件下两座水库可通过双向管道为缺水用水户进行补水。

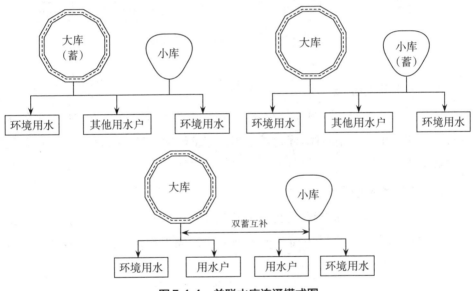

图5.1-4　并联水库连通模式图

(3)河流—水库连通方式

河流—水库连通是指连通河流,引水至水库,共同承担供水任务的方式。其主要目的是提高河流水资源量的利用效率,克服河流受径流随机性影响较大、调蓄能力较低的劣势,将受水区的河流水源和水库进行联合调蓄。根据不同水源的优先利用次序,可分为"以蓄补引"和"以引补蓄"两种模式(见图5.1-5)。"以蓄补引"模式为优先利用引调水,通过增加河流引水的利用而提高本地蓄水工程的蓄满率,在用水高峰期和河流引水量减少时本地水源可以加大供水、延长高峰期供水时长。"以引补蓄"模式为将受水区水库作为优先供水水库,引调水作为补偿性水源参与联合调度。

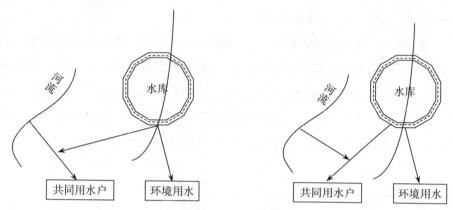

图5.1-5 河流—水库连通模式图

2.区域水源连通

区域水源连通是以区域整体供需为对象,通过不同的连通方式将分散的水源(库)群组合形成一个整体,优化供给侧和需求侧的布局,提高整个区域的水资源承载能力。

5.1.2.2 水系连通

结合水体连通性的内涵,考虑不同连通对象的特点,水系连通有河道连通、河流系统连通和人工渠道连通三种类型。各连通类型根据连通位置和实施方式,又分为若干子类。

1.河道连通

(1)河道纵向连通

河道纵向连通性是指水流及其悬浮物(SS)沿边界河长从上游向下游运移的通畅程度。天然河道的纵向连通如图5.1-6所示。河流从上游源头到下游河口汇合口,伴随流域产流产沙、干支流汇合、河道冲淤等水文泥沙过程。这些过程的发生发展往往伴随河流系统的物质交换、运移、转化、累积和释放,使得河流系统的物质与能量沿河流纵向可保持畅通性。河流上实施各种水利工程,如新建水库、河道岸坡整治、新建新添引水设施设备等,使得天然河流纵向边界的流畅完整性发生改变,河道纵向连通性也随之发生变化。例如,新建水库枢纽工程后,库区内泥沙淤积使得河床边界凸起,而下游河道冲刷普遍加剧,使得河道纵向连通性降低。同理,新建引水工程后,河岸边界凹界不再连续,水流和泥沙被分流后,原河道内进入下游河道的流量减少,挟沙能力降低,伴随泥沙淤积,河道纵向连通性也随之减弱。

图5.1-6　河道纵向连通示意图

（2）滩槽侧向连通

此处所指的河道一般是指河流系统的自然结构,包括河岸带、水体、河槽等。由于径流的周期性涨落引起的侧向水流的流动、泥沙交换以及生物连通的过程被称为滩槽侧向连通。洪水漫溢滩区,是蓄滞洪区的一部分,水位上升时河道内的悬浮物（泥沙）随水流上升并沉积,携带的营养成分有利于滩区植被和水生物的生长和繁衍;洪水退落时,低含沙量水流冲蚀携带该区域松散表层的腐殖质、植物种子和水生动物回归主槽,甚至造成主槽冲刷（见图5.1-7）。在滩槽水沙交换过程中,主槽漫滩后进入滩地的水流与流回主槽的水量几乎相等,但是进入滩地的沙大多淤积于滩地。这是由于到达滩地的水流动能损失后,挟沙力显著减小,细颗粒泥沙因此滞留在滩地,水流在重力作用下回归主槽,并可能导致主槽冲刷。事实证明,河道筑堤、建坝、切槽等都会造成河流侧向的漫滩,导致主槽连通性降低,滩地淹没频率减小,河道水流的水动力条件及调洪能力减弱,生态系统的生产力、泥沙交换和生物扩散能力等被削减。

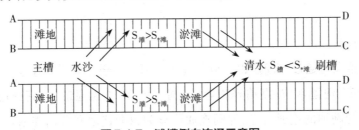

图5.1-7　滩槽侧向连通示意图

2.河流系统连通

（1）干支汇流连通

河流系统的主干河流与其沿途接纳的各级支流共同形成了复杂的脉络相通的水网系统。干流与支流交汇处的河道边界的演变和水沙输移、交换被称为干支汇流连通。交汇水域内水流形式如图5.1-8（a）中的阴影部分ABCD，紊动掺混作用剧烈将会打破原有的水沙平衡状态，在此区域形成冲刷。例如天然水系中的干支流交汇，人工水系中的排污河、排水河等都存在这种连通性问题。

（2）河道分流连通

河道分流是河流演变过程中常见的一种现象，主要包括汊道分流和引水分流，对应的分流连通主要包括汊道分流连通和引水分流连通，如图5.1-8（b）所示。汊道分流连通多存在于分汊河道，汊道分流连通性取决于两个汊道的输水输沙特性以及河道的稳定性，汊道的发展主要取决于汊道进口处的分流分沙情况。引水分流连通性取决于引水闸的布置、取水防沙措施、引水引沙量和引水引沙比例。

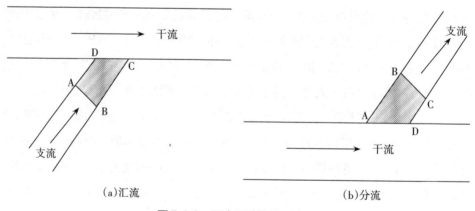

（a）汇流　　　　　　　　　　　（b）分流

图5.1-8　干支汇流连通示意图

（3）河湖连通

河湖连通是通过河湖连通通道实现的。河湖连通性取决于连通通道的大小与阻隔程度、河道水位、湖泊容积等，河湖水位高、连通通道大，其连通性较好。根据河道与湖泊的连通特点，河湖连通可分为双向连通和单向连通。在没有大堤或闸坝阻隔连通通道的情况下，河道水位升高会导致河湖连通通道位于水下，河道水流流向湖泊,此时湖泊接受补水;当河道水位低于湖泊水位时,湖泊水流流向河道,河流接受湖泊补水。这种河流与湖泊相互补水的方式被称为河湖双向连通,见图5.1-9(a)。当河流与湖泊之间的连通通道被阻断或有水闸控制时,河道水流只能在高水位时或水闸控制下,单向补给湖泊。这种方式为河湖单向连通,见图5.1-9(b)。

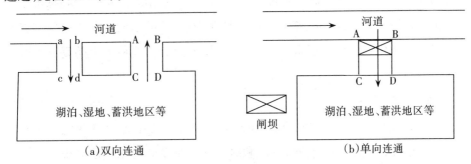

图5.1-9　河湖连通示意图

3.人工渠道连通

人工渠道连通是指针对流域内外,通过人为建设输调水关键工程,为流域间水资源调配服务的跨流域连通通道,如图5.1-10所示。目前,我国最典型的跨流域人工渠道连通工程是南水北调东线和中线工程。其中,南水北调东线工程是从长江下游河道调水进入淮河和海河流域,其主要连通通道为京杭大运河;南水北调中线工程是从汉江调水进入黄河和海河流域,其连通通道为丹江口水库至北京的引水渠道。除了不同流域之间修建调水工程,同一个流域内也有人工渠道水系连通。这种类型一是为了满足航运、分洪、排涝、给水等功能而修建的运河,二是为了满足农业生产而修建的灌区引水渠道等。

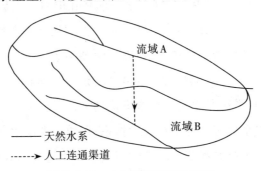

图5.1-10　人工渠道连通示意图

5.1.3 连通特性

河湖水系连通是调整水生态系统结构、恢复其关键生态过程和保障水生态系统服务功能的重要措施之一,是保持流域内河流与湖泊、河道与河漫滩之间物质流、能量流、信息流和物种流畅通的基本条件。通过河湖水系连通构建国家和区域、流域水网体系,可提高水资源统筹调配能力、河湖健康能力,增强抵御水旱灾害能力。河湖水系连通战略,是以国家"四横三纵"的水网体系为基础实施的水系扩展和优化,实现南北调配、东西互济的功能综合、规模庞大的复杂水网巨系统。

5.1.3.1 复杂性

河湖水系连通研究对象复杂,其生态系统本身涉及物质流、物种流和信息流三种生态过程,涵盖纵向、侧向、垂向和时间四个维度的变化特征与规律,是"自然—人工"复合水网体系。以下几方面可体现其复杂性:①在构成要素方面,既有河流、湖泊、湿地等自然水系,也有水库、渠道、泵站等水利工程在内的人工水系,以及为满足各种连通要求而需要遵守的调度准则。②在影响因素中,既有自然因素的影响,也有人类活动的影响,并且这些因素不确定性高,叠加水网的不确定性后,该系统的不确定性进一步升高。③从连通目的角度,需要统筹自然流域和行政区域,上下游、左右岸,不同水源来源(地表水、地下水、土壤水)之间的开发、利用、节约与保护,达到河湖水系连通后,既能满足经济社会的发展需要,又能保障正常的河湖生态系统服务功能。

5.1.3.2 系统性

河湖水系连通战略是基于解决我国南涝北旱、夏涝冬旱等水资源时空分布不均问题提出的,运用系统化的思路、水系网络化的对策,已形成了系统成果。具体包括:建立了考虑复杂网络中水文地貌—物理化学—生物群落关联影响的河湖水系生态连通性调查分析技术;研发了河湖水系水量—水质—水生态耦合模型;建立了利用图论数学方法,基于数据库、模型库、案例库,包含交互层、功能层、支撑层的河湖水系连通规划布局方案优选平台;构建了以自然为导向、适度人工干预的河湖水系生态连通工程技术体系;形成了考虑水文、地貌、水质和生物等多生态要素分级体系和变化趋势的河湖水系生态连通效果后的评估技术。河湖水系已经发展成为一个由河湖水系、社会经济、生态、环境等众多子系统组成的复杂的"水系—社会经济—生态"复合系统,系统内水系、社会经济、生态等各个子系统之间相互联系、相互影响,在时间和空间上形成了相互交织、作用、制约、影响的复杂关系,推动系统不断运动、发展和变化。河湖水系有其自身的结构、功能和规律,河湖水系连通后形成的复杂水网巨系统,其结构、功能和规律不仅与组成复杂水网巨系统的独立水系的系统性有关,而且更多地与巨系统的系统性有关。

5.1.3.3 动态性

河湖水系连通具有动态性,受人类社会、经济、技术等影响。其动态性包括河湖水体自身变化的动态性和河湖水系连通过程的动态性两个方面。河湖水体自身变化的动态性是指河湖水系内部构成的各要素并非一成不变,伴随水体的不断运动,不仅流向及形态在空间、时间上发生转变和移动,而且河湖水系系统的功能、结构也会随之响应并产生变化。另一方面,河湖水系连通的目标、途径、手段和调度准则会因为社会经济发展、生态环境的保护和改善、对江河治理目标的调整而相应调整,河湖水系连通的功能也随之变化。以修复水生态、改善水环境为主要目标的河湖水系连通为例,在非汛期,其主要功能是加快水体流动性,改善水体自净能力,修复水生态系统;在汛期,其主要功能是蓄滞洪,以降低区域防洪压力。

5.1.3.4 时空性

河湖水系连通具备物质运动的基本属性,即具有时间和空间属性。具体表现在两个方面:①水体的时空性,是指不同的水体在不同地域、时段所呈现的特性不同,包括水流过程、水量、水质等因素。②连通工程的时空性,是指河湖水系连通需要结合区域水资源时空分布特征,因地制宜,结合所在区域面临的问题和需求,宜连则连,宜阻则阻,实现丰枯调剂、多源互补的目的。

5.2 陆域隔离与岸坡防护技术

5.2.1 陆域隔离方式

按照《中华人民共和国水污染防治法》,水源地应设置水源保护区,并根据对取水水源水质影响范围大小划分为一级保护区、二级保护区和准保护区。《集中式饮用水水源地规范化建设环境保护技术要求》规定,在一级保护区周边人类活动频繁的区域设置隔离防护设施;保护区内有道路交通穿越的地表水饮用水水源地和潜水型地下水饮用水水源地,建设防撞护栏、事故导流槽和应急池等设施。在实施水源地保护工作时,要与当地相关规划结合,以确保各项保护工作全面落实。

一般而言,对水源地一级保护区需采取物理隔离措施,同时辅以生物隔离,增强水源地保护能力。较为常用的物理隔离措施为封闭式隔离墙、隔离网或护栏,其目的是严格限制人、畜在水源地一级保护区范围内活动。隔离防护工程具有见效快、施工方便、成本较低等优点,但物理隔离容易受到人为破坏,需要定期维修,使用寿命相对较短。物理隔离防护设施遵循耐用、经济的原则,较为广泛多用的护栏形式主要是公路护栏网(框架式、C形柱)以及勾花隔离网。

5.2.2 河道岸坡通用护岸技术

河道护岸工程是保护江河堤岸免受水流、风浪侵袭和冲刷所采取的工程措施。按结构材料类型主要有块石护岸、柳石护岸、石笼护岸、沉排护岸、混凝土护岸、土工织物护岸、透水桩护岸、草皮护岸等多种类型。天然河道是在陆地表面上经常或间歇有水流动的线形天然水道,受地形地貌条件影响,河身曲直相间,断面宽窄不齐,河底陡坦不匀,总体形状起伏不定。一般情况下,河道护岸工程的实施,应结合行政区域规划和工程保护对象的需要,分段开展。针对实际护岸工程实施范围,可分为规则河道岸坡的护岸技术和不规则岸坡的护岸技术两种。

5.2.2.1 规则岸坡护岸技术

在考虑生态的前提下,石笼护岸是规则岸坡较为常用的护岸形式,同时也可以结合河道断面特征,采取多种组合方式。

单一的石笼护岸是用镀锌并表面覆塑处理之后的钢丝网笼或用竹子编的竹笼内部填充碎石、肥料或适于植物生长的土壤)制作而成,实际应用时,多结合植被、碎石以增强其稳定性和生态性。石笼的网眼大小一般为60—80 mm,也可根据填充材料的尺寸大小进行调整。内部填充的石料可就地取材,方便又经济。石笼由于网箱内填充的是石头,孔隙比传统结构条件下的孔隙大得多,非常有利于空气和水体的自由交换,水流中泥沙的自然沉积以及水位的变化有利于坡面生态环境的恢复,促进驳岸坡面与环境的亲和性,所以具有环保特点。

1.石笼生态挡土墙

石笼生态挡土墙是采用喷塑的铁丝网笼为主要护岸材料,网笼内装碎石、种植土、肥料及草籽等,如图5.2-1。石笼生态挡土墙比较适合流速大、坡面陡峭的河道断面,具有抗冲刷能力强、整体性好、应用比较灵活、能随地基变形而变化等特点。此外,填充石料之间的空隙不仅为水生植物、动物与微生物提供生存空间,在地表水渗入墙土后,还可以较快排出从而减少墙体的地下水压力。

图5.2-1 石笼护岸

2.石笼净水复合护岸

石笼净水复合护岸兼具石笼的稳定性、内部填料的净水性、生态护岸的景观性、水生植物的保护性等多种优点,是一种新兴的护岸形式。主要结构为石笼内部装入碎石,置于护岸前端底部,同时在石笼内装入可以净水的净水填料(净水填料的种类与河道污染严重程度有关,例如河道污染主要为有机污染时,要选用活性炭作为石笼填料;河道污染主要为富营养化时,则要选用由黏合剂和铁屑合成的球形净水材料)。石笼上部埋土,土内可种植相应的水生植物,对于水体净化具有一定作用。石笼护岸后方斜坡可采用三维植被网进行护坡,以达到美化环境、稳定土坡的目的。石笼净水复合护岸主要在水质较差、坡度较大的河道护岸工程中应用较为广泛。示意图见图5.2-2。

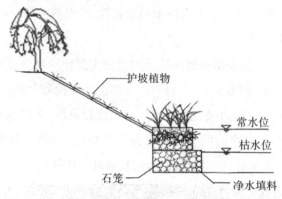

图5.2-2 复合型石笼示意图

3.新型净水石笼护岸

该新型护岸将用于净化污水的潜流湿地技术引入石笼结构中,使石笼结构在满足护岸功能的基础上,进一步延伸为具有较强净水功能的新型护岸结构(见图5.2-3)。其将较小的石子胶结成较大的多孔隙体填入网笼,在石笼内设置引水行水管道,在石笼上部或内部固定用来种植水生植物的适当材料,比如天然纤维或者棕榈纤维等。其中,多孔隙体为生物膜的生长提供适合的环境;植物的根系伸入网内使石笼结构更加稳定,而茎叶可以抵消波浪对岸坡的侵蚀作用;石料及其上面附着的生物膜,还有植物,都能对水中污染物质进行截留吸收。该新型护岸集合了石笼结构的稳定性、水生植物的净水性,兼有景观功能和生态功能。

图5.2-3 净水石笼护岸

5.2.2.2 不规则岸坡生态构建技术

对于不规则岸坡(如图5.2-4),通常采用仿自然型生态构建技术,尽量维持原有的自然面貌,包括天然状态下的岸滩、江心洲、岸线等自然形态,维持河道两岸的行洪滩地,保留原有的湿地生态环境,减少工程对自然面貌和生态环境的破坏。修建堤防时,可采用大块鹅卵石堆砌、干砌块石等护岸方式,使河岸趋于自然形态。个别受冲刷较为严重的河岸堤防内侧可种植水杉等根系较为发达的树种或草坪等植物用以护堤。王超、张龙等的研究均认为,发达根系固土植物在水土保持方面效果较好,一方面,其地下的发达根系可以在根系分布范围内固土保沙,减少水土流失;另一方面,地表的景观造景可满足生态环境的需要,是城市河道护岸的推荐方式。

采用植物保护河堤主要用于小河、溪流的不规则边坡和一些局部冲蚀的地方,以保证自然堤岸特性。一般结合当地气候,选择适宜品种,多推荐具有喜水性、耐淹没的柳树、水杉、红树林、芦苇、香蒲、灯芯草、常青藤、蔓草等植物,它们发达的根系可稳固土壤颗粒、增加堤岸稳定性。柳枝柔韧,易于顺应水流,在因汛期水位上涨淹没于水中的情况下,可以降低水流流速,减少冲刷,保护河堤安全。这种方法从工程角度上来看适用范围较广,当河岸较陡时,辅以土工织物固坡。

图5.2-4　嘉陵江不规则岸坡

5.2.3 考虑特殊因素的生态河岸构建技术

河道岸坡防护除了对陆域进行整治以外,还要考虑重要作用因素——水流的交互作用。水流与岸坡的交互作用主要体现在水流对岸坡的冲刷、水位增减对岸坡的淘蚀。在实施岸坡保护时,生态护岸可以结合实际情况选择更为适用的方案。

5.2.3.1 基于流速的生态河岸构建技术

1. 水流冲刷严重的生态型护岸措施

人工景观水体生态型护岸遭受的冲刷主要为流水冲刷和次生流冲刷。冲刷较严重的部位主要集中在落差较大的溪流、跌水部位,河流弯曲段,河流变窄区段。

(1)落差较大区段

人工景观水体经常会利用地势的落差,仿照天然水景设计溪流、跌水等来丰富人工水景,同时也可以增强水体的复氧能力。但是较大的落差增大了河床的比降,受重力的作用,水流流速将会比正常河段加快很多,加速的水流会加重冲刷作用,而冲刷作用直接持续作用于护岸边坡上,对岸坡稳定不利。在这种情况下,容易造成较为严重的岸坡侵蚀,而单纯使用草皮、乔灌木和水生植物等材料组成的自然原型护岸的稳定性和抗冲刷能力较弱,一旦产生破坏就会不断向岸坡两侧蔓延。针对这种情况,在易受冲刷的部位,应结合具有相对较强抗冲刷能力的石材、木材、石笼等材料加固护岸。见图5.2-5。

图5.2-5 丹江口水库下游河岸

常用的处理方法是采用山石护岸或卵石滩护岸与石梁坝相结合的方式,根据落差大小,设置一道或多道石梁坝,形成阶梯状。石梁坝可起到减缓流速、消除水流动能、减小水流流速的作用,石块之间产生的孔隙能为水生植物和鱼类提供栖息和避难的场所。因地势产生的落差对于人工景观水体的设计既有利端也有弊端,根据实际条件采用合适的生态型护岸方法和措施能够解决落差带来的水流冲刷问题,同时也丰富了流水产生的视觉、听觉景观。

人工抛石生态型护岸在应用时要注意:①抛投的块石或卵石要求级配好、级配曲线光滑,小型料石能够填充大型块石之间的缝隙,确保任意层的颗粒都不相互穿越,防止抛石下层渗透水流出时带走地基中的土壤。②对于不能填充的块石间的空隙结合植物种植在岸坡扦插活枝条,以便生长后形成的植被起到消散波浪能量、减缓流速、促进营养物沉积的作用,为水生生物提供产卵环境和食物。③岸边种植的水生、陆生植物群落要能够形成自然植物景观,提高生态护岸的景观美学价值。

(2)河流弯曲区段

对于弯曲的河流,在水流通过弯道时由于离心力的作用,水流出现离心惯性力,将导致弯道处的河岸出现次生流冲刷。当这种冲刷长期作用时,会导致凸岸的坡脚部位泥土受下层水流的淘蚀形成深坑,凹岸的岸顶受上层水流的冲刷形成水土流失。次生流的长期作用,对岸坡的冲刷效果非常显著。见图5.2-6。

图5.2-6　重庆市南川区城区河流弯曲段生态护岸

根据水流速度的不同,可分两种情况进行对应处理。一种情况是弯曲河段水流流速较低,可选用自然原型护岸,结构形式推荐复合式,即常水位以上采用草皮护岸、水生植物护岸、乔灌木护岸等,坡脚处则利用卵石变形能力强、糙率高的特点,采取抛投大卵石的方式,以有效保护坡脚不被淘蚀。另一种情况则是弯曲河段水流流速较快,易产生冲刷和淘蚀,不宜使用自然原型护岸,可考虑植桩木框护岸、生态袋护岸、铅丝石笼护岸等。事实上,弯道处水流环境一般较为复杂,不确定因素较多,已有经验表明铅丝石笼护岸措施为最佳选择。在实际应用中,使用石笼护岸时也可以与其他护岸相结合,在常水位以下采用石笼,以满足生态环境建设和水生动物生存筑巢需要;在常水位以上采用椰纤维毯结合草皮护岸和乔木灌木护岸,增加景观观赏性。

(3)河道变窄区段

流量不变的情况下,水在比较宽阔的沟渠或河流中流动时是比较稳定的,当通过较窄河流断面时,阻力增加便会产生汹涌的急流。因此河道变窄区段的生态护岸工程应从两方面出发,一是采用抗冲刷能力较强的生态护岸措施,例如石笼护岸、生态袋护岸、山石护岸;二是在河道用地面积不变的情况下增加过水断面面积,例如设置浅水湾。浅水湾适用于构筑蜿蜒岸线,符合多自然河道水岸的要求,种植的水生植物形成绿化过渡带。

2.波浪冲刷严重的生态型护岸措施

人工景观水体中对护岸有冲刷影响的波浪有风成浪和船成浪,这种破坏主要发生在水面比较集中、面积较大的湖面,产生这种破坏的原因主要与湖面的特点、波浪产生过程和破坏特性有关。

水面集中、面积较大的湖面易形成破坏性强的风成浪和船成浪。水面面积越大,风在水面上的吹程就越长,产生的风成浪的波高也越大。当盛行风向与水面的长轴方向一致时,会加强风成浪的吹程,也容易产生破坏性更强的波浪。较大面积的景观水面,多在岸边布置游船码头,游船产生的船成浪也会对岸坡产生一定的冲刷。

波浪冲刷对于护岸结构稳定的影响是缓慢的,护岸措施在刚刚使用时可能护岸效果良好,但是随着时间的延长,冲刷破坏效果叠加,其设计弊端及不合理之处也慢慢显露出来。要解决波浪冲刷对岸坡的破坏可以从两方面考虑:①在波浪还未到达岸坡前就削弱它的能量,这样能减小浪高甚至消除波浪,来保护岸坡免受冲刷。例如在岸边浅水区域采用水生植物护岸,利用水生植物削减波浪。需要注意的是宜采用茎秆有韧性的水生植物,如芦苇、薰草,而不宜使用水葱、旱伞草等茎秆容易折断的水生植物。②在迎波面或波浪冲刷区域应使用整体性好,能够抵御波浪拍打的护岸形式,不能使用散置块体或不耐侵蚀的护岸方式。整体性好的护岸结构有生态袋护岸、石笼护岸、山石护岸、嵌锁型的多孔质结构护岸等。

5.2.3.2 基于水位变幅的河道河岸生态构建技术

1.水位变幅大的河道河岸生态构建技术

对于洪、枯水期水位变化较大的河流,河岸结构一般为复式护岸和阶梯护岸。

(1)复式护岸

在水位变化较大的河道中,水位的巨大落差不利于生物的繁衍生长,并造成不和谐的景观效果。复式护岸由主河槽和河漫滩构成,在这两部分分别构建生态型护岸,枯水期流量较小时,水流在主河槽中流动,洪水期水位抬高进入河漫滩。这样既不影响枯水期水生植物的生长和景观效果,也有利于洪水期的行洪。见图5.2-7。

图5.2-7 复式护岸效果图

（2）阶梯护岸

阶梯护岸是木桩栅栏护岸的一种演化，以各种废弃木材（如间伐材、铁路上废弃的枕木等）和其他一些已死了的木质材料为主要护岸材料，逐级在岸坡上设置栅栏，栅栏以上的坡面植草坪植物并配上木质的台阶，形成阶梯状的护岸形式。这种护岸方式不受水位涨落的影响，坡面上种植的植被可以起到护坡、减少地面径流以及由此减缓岸坡侵蚀的作用。此外，岸边的栅栏与植被相辅相成，构成一道新的景观线，达到稳定性、安全性、生态性、景观性与亲水性的和谐统一。

2.水位变幅小的河道河岸生态构建技术

对于水位变幅小的河道，其河岸生态的构建，需根据水位情况分别选择不同的岸坡形式。若水位相对较低时，可通过堤岸植树、种草等生态工程措施，达到防止水土流失、改善河道两岸景观的作用。水位较高的河道，在河道断面设计时，正常水位以下可采用干砌石挡土墙，正常水位以上采用缓于1:4的毛石堆砌斜坡，以增加水生动物的生存空间，削减水流对河道冲刷的影响，同时起到保护堤防和改善生态环境的作用。见图5.2-8。

图5.2-8　水位变幅小的河道生态护岸

5.2.3.3 硬质河岸生态修复技术

1.已建混凝土垂直驳岸生态修复技术

自然岸坡在水流反复冲刷下，容易发生崩塌，因此，城区河道两岸多修筑人工混凝土垂直驳岸,即大多采用直立浆砌石挡土墙和混凝土挡土墙。但是,其单一的结构形式、光滑坚硬的表面对城市景观和生物栖息造成了极大影响,也减弱了河道的自净能力。见图5.2-9。

图5.2-9 垂直挡墙护岸

景观净污型混凝土组合砌块护岸是适用于城市河道护岸的一种较佳形式,在继承现有砌块护岸特点的基础上,通过一定形式的预制混凝土砌块组合可以节省用地。组合砌块内种植植物,有利于生物栖息生长,砌块内生长的植物—土壤—微生物系统对污染物质进行综合作用,可以达到对入河面源污染物的截留去除效果,并形成多层次的生态景观。根据不同的坡度应用条件,可分为应用于垂直岸坡的景观净污型组合实体砌块护岸和应用于倾斜岸坡的景观净污型组合空心砌块护岸。

2.已建混凝土护坡生态修复技术

从河道生态功能维持、景观效果展示的角度来看,混凝土硬化的护坡能产生负面影响已是不争的事实。混凝土护坡,其防御洪水、稳定岸坡的功效是其他护坡无法比拟的,但在已建成的混凝土或浆砌石驳岸条件下,不可能大量拆除后重建。因此,此类河道的生态型护坡建设,应在原有护坡的基础上,利用生态工程方法对其进行改造。

（1）桩板护岸绿化技术

对于以混凝桩板防护的河岸可以在桩板的迎水面设置柴排梢栅，在桩板与柴排梢栅的木桩之间插入柳梢，利用柳树的生长，就能使桩板护岸前柳枝繁茂，水边绿树成荫。该方法简单，可通过工厂化进行预制桩板的生产，施工快速便捷，用料省，占地少。

（2）新槽开挖及辊式植被技术

在长江上游渝西地区的淮远河流域实施的城市生态滨河公园改造中，以原15—30 m 宽河床为基础，秉持"山头不推、稻田不填"的原则，尊重山形水势，顺应自然肌理，做到"道法自然"。对岸坡进行生态整治，岸边生长辊式植被，对易受冲刷的河段及辊式植被的背水面加盖了植被网，在水边和河滩上栽种了石菖蒲、菱角、蓑衣草、香蒲、水芹、立柳等植物。改造后约两年，草皮已经成活，植被也已生根，河滩稳定，自然的河道景观得以再现。见图5.2-10。

图5.2-10　淮远河辊式植被技术

（3）新槽开挖及抛石技术

沿新开挖的河槽岸边，将直径为100—200 mm 的卵石均匀地铺成缓坡，并在石缝及河滩上种植水生植物。对河岸稳定、水土流失减少和河道生态景观多样性有显著效果。

（4）坡面打洞及回填技术

在原有的混凝土表面护岸打设孔洞或凹槽，同时填碎石与土壤，以提供植物生长所需的环境,并提供孔洞作为昆虫及两栖动物栖息藏匿的场所。孔洞间有相通的水道,可以生成养分、物种流通的小生态环境。

3.已建浆砌石护岸生态修复技术

对已建砌石护岸工程,在不拆除的前提下,可基于原有的硬质护岸材料开展生态修复。具体实施方案为:先选用大孔混凝土砌块,然后在驳岸的基础平台上用水泥砂浆或者水泥净浆砌筑生态混凝土砌块,砌筑时下层砌块的开口孔洞处于水平状态,而上层砌块的开口孔洞处于垂直状态,接着在最上层的砌块的开口孔洞内填充泥土,最后栽种植物,形成连排花盆一样的景观效果。该方案采用的是透水的大孔混凝土,因此不仅具有良好的透水性,还具有降噪功能和绿化功能,确保了周边生态环境的连续性。见图5.2-11。

图5.2-11 浆砌石复合护岸

5.2.4 湖库护岸生态防护技术

5.2.4.1 植被护岸

植被护岸适用于岸坡坡度较缓、行洪流速较小、适宜植被生长的河道岸坡。植被可以防止表面水土流失、含水固土、增强岸坡的稳定性。

草皮铺设护坡初期宜采用将竹签固定于坡面上等措施。播种草籽护坡宜在现场进行发芽试验,以确定草籽的质量和播种量是否合理。

植物护岸方法对岸坡土质的要求较高,植被的成活率较低且见效慢,工程质量难以保证,在植被种子生长萌发之前其抗冲刷能力较差。因此,植被护坡下部护脚部分可以根据岸坡地形地质情况及水流条件,采用抛石、石笼、柴枕、柴排、土工织物枕、软体排等加固坡脚。

采用块石护脚时,可以在块石间隙扦插活枝条或活木桩,对于已经完建的工程,可使用钢桩创造扦插活枝条或木桩所需的间隙。对于施工中的工程,可同时扦插活枝条。

抛石护脚结构下部必须设置反滤层,软弱地基还需设置垫层。垫层可采用砂石、土工织物,也可砂石和土工织物结合使用。砂垫层厚度应为0.5—1.0 m,碎石或砾石垫层应大于0.7 m。当流速大于3 m/s时不宜采用碎石作为反滤层。见图5.2-12。

图5.2-12　嘉陵江块石护岸

5.2.4.2 土工袋护岸

土工袋护岸,一般是指用土工袋进行岸坡防护处理,泛指用生态袋、土工织物扁袋实施坡式柔性防护工程。

土工袋袋体材料宜采用自然材料(如黄麻、椰子壳纤维垫)或合成纤维制成的织造或非织造土工布。土工袋应具有较高的挠曲性,可适应坡面的局部变形,并可形成阶梯坡状。

边坡较为稳定或全风化、强风化岩石边坡宜选用长袋型护坡土工袋。长袋铺设方向为坡顶至坡脚的顺坡向,长度根据坡长现场确定,一般不超过6 m。袋体可采用锚杆固定,锚杆布置及锚固长度根据坡面地质条件经计算后确定。

土工织物扁袋护坡技术是把合成材料织物或天然材料,在工程现场展平后,上面填腐殖土,然后把土工织物向坡内反卷,包裹腐殖土。这种技术主要适用于较陡岸坡的侵蚀防护,可起到护脚和增加岸坡整体稳定性的双重作用。

5.2.4.3 格网网箱护岸

格网网箱岸坡结构主要包括格宾石笼挡墙护岸、雷诺护垫等技术,适用于坡体围挡、坡面衬砌及其他防冲刷结构的防护工程。格网网箱柔性岸坡由多孔网片经裁剪、拼装并绑扎封口而成的正方体或长方体箱体(箱体内填充块状材料)组成。箱体多孔网片材料应符合抗腐蚀、耐磨损、高强度等要求。一般选用低碳热镀锌钢丝、铝锌混合稀土合金镀层钢丝,包覆聚氯乙烯(PVC)或经高抗腐处理的以上同质钢丝等材料。

格网网箱边坡结构布置可采用重力式、阶梯式及贴坡式等形式。箱体尺寸应根据坡面稳定要求合理确定,但单边长度不应小于0.15 m。

贴坡式的格网网箱边坡类似于雷诺护垫、格宾石笼护垫。贴坡式布置坡面比例应在1:1—1:2为宜。雷诺护垫厚度与水流流速、波浪高度及坡角有关,其中波浪高度和河岸坡度是影响雷诺护垫厚度的主要因素,厚度一般为0.15—0.30 m。见图5.2-13。

图5.2-13 格网网箱边坡效果图

5.2.4.4 柔性材料覆盖

柔性材料覆盖技术泛指植物纤维毯覆盖技术、椰壳纤维垫护坡、植物梢料护坡、三维土工植被网、巢室生态护坡技术等，一般适用于水土流失严重的土质边坡或高陡岩石边坡表面防护工程。

植物纤维毯可结合植被一起应用于河道岸坡防护工程。椰壳纤维卷、三维棕榈纤维可用于坡面柔性防护。可现场捆扎成直径为50 cm左右的卷，用于水流和波浪作用的水陆交错带等部位的局部加强防护。捆扎过程中可填入熟土料和活芦苇根，并结合活柳桩固定。

植物梢料护岸技术是将植物的活枝条或梢料按照一定的规则制作成几类结构形式，如梢料排、梢料层和梢料捆等。它是一种比较古老的岸坡防护生态工程技术，在我国有着悠久的历史，主要用于河道岸坡的侵蚀防护。枝条必须足够柔软，以适应岸坡表面的不平整性。梢料要用活木桩或粗麻绳固定，可用少量块石压重。生态砌块护岸技术泛指渗滤植生砌块、自嵌式挡土墙、生态砖、铰接式混凝土砌块护岸、六棱砖、空心六棱砖及坡改平砌块植生护坡等技术。这种技术适用于对护岸有一定抗冲刷要求，兼有景观、生态等功能的河道岸坡防护工程。该技术可用于直墙型岸坡防护，也可用于斜坡型岸坡防护。

生态砌块护岸结构主要由护岸墙体底板基础、自嵌式镂空砼预制构件、加筋网、反滤设施和砌体后土体组成。生态砌块护岸的清基处理应满足基础面平整，无碎石、杂草、树根等杂物的要求。

生态砌块植生孔内可播植植物，根据边坡部位和功能，选取草本、花卉、水生植物等。宜采用空腔内回填土均匀混入草种的方式，水位变动区以下部位草种宜选择耐淹型当地适生物种。

5.2.4.5 植生混凝土护岸

植生混凝土护岸技术泛指生物基质混凝土护坡技术、厚层基材喷射护坡技术、植生基材喷射技术、植生型多孔混凝土护坡技术等。

植生混凝土护岸结构在外形上呈米花糖状，存在许多连续孔隙。这种混凝土不仅能起到良好的护岸作用，还可以利用其自身的多孔性和良好的透气透水性使植物和水中生物在其中生长，以实现增加生物栖息地和改善景观的多重功能。这类结构适用于年降雨量大、气候湿润的地区，用于河岸淘刷侵蚀严重的河段,但是养护成本较高。

植生混凝土护岸技术可采取框格梁式、六棱砌块式、生态挡墙式和土工格室加筋、工字形砌块式等不同形式。现场喷播应配合设置混凝土框格或挂网、锚杆、锚钉等,以保证坡面稳定。见图5.2-14。

5.2.4.6 生态型木框挡土墙

木框挡土墙是由未处理过的圆木相互交错形成的箱形结构,在其中充填碎石和土壤,并扦插活枝条,构成重力式挡土结构。在填充木框挡土墙内空隙时,应避免填充料在圆木间隙漏掉,可将粒径大的材料放置在边缘处,由外向内填充料粒径逐渐变小。圆木直径应取0.1—0.15 m,且

图5.2-14　植生混凝土护岸效果图

满足工程设计要求的足够长度。插条的直径应为10—60 mm,并且应有足够长度以插入木框挡土墙后面的河岸中。木框挡土墙施工前要对坡脚进行开挖,并在木框墙的踵部位置挖深15—30 cm,以使木框墙的顶部能抵在河岸上。

5.3 点源污染源治理技术

5.3.1 点源污染

点源污染是指企业、居民区、城市商圈等将大量污染物通过管道等集中排放至河道,以点状形式排放而使水体造成污染的发生源。一般以工业污染源产生的工业废水和生活污染源产生的城市生活污水为主,通过管、渠等排放到河道。这种点源成分复杂,污染物浓度高,其排放特点是在时间上具有一定规律性,也有一定的季节性和随机性。现状条件下,由于污水处理厂建设与区域经济发展速度不匹配,相关配套设施尚未完善,依然存在工业废污水、生活污水的点源污染排放口。随着对点源污染截污纳管、执法查处等工作的大力推进,非法排污现象得到有效遏制,点源污染对河湖水质的影响逐渐减小。

5.3.2 通用治理技术

随着城市和工业园区污水处理设施的建设运行,分散的工业和生活污水直接排放逐渐得到控制。目前,大部分河流依然存在的点源污染主要包括两个方面:一是因雨水管和污水管的混接,导致下雨时污水经雨水管排入河道。处理方式主要是管网改造,实现雨污分流。 二是未纳入污水管网覆盖范围的分散式污水。这类污水通过建设排水收集管网系统进行集中式处理,往往投资太大,运行成本过高。目前多推荐就地处理和回用。采用的技术主要有:①土壤渗滤、人工湿地等自然处理技术;②以生物膜技术为核心的膜生物反应器、生物净化槽等人工处理技术。

5.3.2.1 土壤渗滤自然处理技术

土壤渗滤也叫土壤含水层处理,是指经过前处理的污水在具有一定构造、良好扩散性能的土层中(主要是包气带黏土),利用土壤—微生物—植物生态系统的自净功能和自我调控机制,去除污水中的各种污染物。这种方式具有基建及运行成本低、管理简便、维护容易、对进水负荷适应性较强的特点,国内外应用较为普遍。

不同类型的土壤,其功能作用并不相同。宴卓逸等针对我国地域性土壤的吸附性能,选取湖北黄棕土、黑龙江黑土、甘肃黄绵土、上海水稻土和重庆紫土开展了相关研究。各类型土壤的理化性质见表5.3-1所示。

表5.3-1　土壤理化性质表

土壤类型	所在流域	含水率/%	pH	电导率/$(\mu S \cdot cm^{-1})$	土壤有机质/$(g \cdot kg^{-1})$
水稻土	长江	19.06	8.37	5.16	14.49
黄棕土	长江	22.68	6.15	0.67	2.58
紫土	长江	14.03	6.59	1.54	12.68
黄绵土	黄河	19.60	8.62	4.93	10.86
黑土	松辽	20.15	8.31	7.51	31.02

研究结果表明,5类土壤对COD的吸附能力排序为:湖北黄棕土>黑龙江黑土>甘肃黄绵土>上海水稻土>重庆紫土。对NH_3-N的吸附能力排序为:黑龙江黑土>重庆紫土>湖北黄棕土>上海水稻土>甘肃黄绵土。

5.3.2.2 人工湿地自然处理技术

人工湿地自然处理技术是指利用基质—微生物—植物复合生态系统的物理、化学和生物的三重协调作用,通过过滤、吸附、沉淀、离子交换、微生物分解和植物吸收实现对污水的高度净化。人工湿地自然处理技术起源于英国,约克郡艾尔柏于1903年建立了世界上第一个用于处理污水的人工湿地。自此以后,人工湿地自然处理技术在各地广泛试点并不断改进。作为一种模拟自然湿地的生态修复技术,人工湿地具有较高的生产力和污染去除效果,且抗冲击性能强、外部能源需求低、碳中和潜力大、易于操作和维护、适应性强,得到广泛应用。

一般而言,人工湿地主要由填料、植物、微生物三大要素构成。人工湿地对污染物的去除过程较为复杂,其中最为关键的组成部分是填料介质。填料介质是污染物去除功能的载体,首先为植物和微生物的生长提供基础环境,其次通过过滤、吸附、化学和微生物降解等直接和间接作用去除污染物,最终实现污水净化。因此,人工湿地在设计应用时,应考虑温度、进水负荷、湿地构型、运行模式等因素的影响,需要针对当地土壤类型,选择合适的填料介质并进行优化布置,强化人工湿地污水处理性能。见图5.3-1。

图5.3-1 大磨滩人工湿地

5.3.2.3 膜生物反应器(MBR)

膜生物反应器是生物处理与膜分离相结合的一种新型水处理技术,主要由膜组件和生物反应器两部分组成。根据膜组件和生物反应器的相对位置,可分为浸没式膜生物反应器和外置式膜生物反应器两种,示意图见图5.3-2。浸没式膜生物反应器的过滤动力是由真空泵抽吸形成负压完成,活性污泥和悬浮物等被过滤停留在反应器内;而外置式膜生物反应器则是由外部压力驱动完成,活性污泥需要回流以保持反应器的生物量。因此,浸没式膜生物反应器在应用上更为广泛。

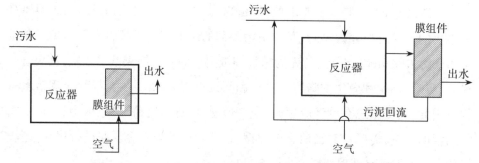

图5.3-2　膜生物反应器示意图(左:外置式;右:浸没式)

膜生物反应器的核心是过滤膜,按照过滤粒径大小,可分为微滤膜、超滤膜、纳滤膜、反渗透膜、电渗析膜五种,各自对应的粒径等级见表5.3-2所示。较为常用的材质有纤维素、聚酰胺、聚砜、聚丙烯腈(PAN)、聚偏氟乙烯(PVDF)、聚乙烯(PE)、聚丙烯(PP)等。

表5.3-2　各膜生物反应器粒径表

过滤膜类型	微滤膜	超滤膜	纳滤膜	反渗透膜	电渗析膜
粒径大小	100—1000 nm	5—100 nm	1—5 nm	0.1—1 nm	0.005—10 μm

为了克服MBR对氮磷去除率低的缺陷,通常将MBR与其他工艺进行组合。如淹没复合式膜生物反应器、循环交替式活性污泥法、循环间歇式活性污泥法、生物移动床等。这些新工艺不仅提高了氮磷的去除率,强化了处理效果,还减轻了膜污染。

5.3.2.4 生物净化槽

生物净化槽是运用物理与生物技术对污水予以有效处理的一类设施。净化槽技术本质上是一系列单元处理工艺所构成的技术组合,其通过科学合理的空间及排列设计,集各种传统污水处理工艺的功能于一体。该设施占地小、见效快、操作管理简单,尤其适用于居住分散、管网收集难度高的地区。净化槽技术起源于20世纪60年代的日本,从最初的单独处理式净化槽,到后来的合并式净化槽和高性能污水净化槽,其不仅可以对各种生活污水进行处理,有效去除水中的有机物、悬浮物、营养物质氮磷,同时还具备杀菌能力,有效提高出水水质,实现多种用途的中水回用。生物净化槽采用的主要工艺包括沉淀分离接触曝气工艺、厌氧滤床接触曝气工艺和脱氮滤床接触曝气工艺等。净化槽运行过程中,污水从槽的一端进入系统,通过内部的沉淀分离室去除污水内悬浮物如无机固体废物、寄生虫卵及部分悬浮有机物等,可以减轻后续处理有机污染物工艺的负荷。经过沉淀分离后的污水可以进入厌氧分离室,也可以直接进入好氧生化处理室进行生化处理,详见图5.3-3 。

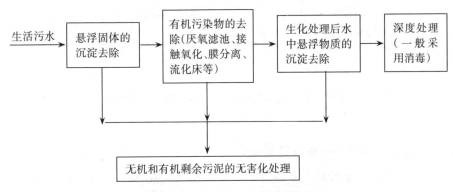

图5.3-3　典型净化槽的工艺流程

5.3.3 水源保护区内点源污染治理措施

5.3.3.1 截污工程措施

河道截污工程能直接将污染物输入河流的通道切断,是根治水源保护区域内污染的直接有效方法。根据工程发挥作用时效特征,分为两类:一是长效截污,从源头解决河道沿线支流及暗渠内污水来源的问题。具体措施是完善河道直排口上游排水管网雨、污分流建设,达到管网全覆盖,杜绝擅自将生活污水、工业废水就近排入河道或接入雨水管渠等现象。二是临时截污,针对短期内彻底解决流域截污问题难度较大的区域,必须把临时截污作为辅助措施来解决污水进入河道的问题。对于河道直排口周边有较完善的河道截污管道系统的点源污染,可在摸清点源污染情况后逐点进行截污。在暗渠、明沟、管道末端接入河道前设临时截污措施,将污水接入河道周边的污水干管中,减少污水对河道的污染。见图5.3-4。

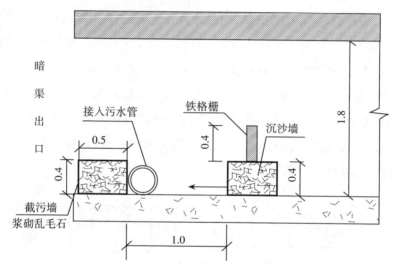

图5.3-4　河道直排口处临时截污设施示意图(单位:m)

5.3.3.2 污水分散式处理技术措施

分散式生活污水处理主要是针对农村、小城镇、城市周边居民区等污水产生流量小的区域,其地理位置相对接近又暂未纳入或难以纳入城市污水收集系统。见图5.3-5。据统计,欧洲和美国有20%—30%的人口使用分散污水处理设施,日本则有66%的人口使用净化槽技术,因此分散式处理技术在这些发达国家应用较为成熟。20世纪80年代开始,我国开始对分散式污水处理技术进行探索和实践,结合区域特征,研发了诸如人工湿地、稳定塘、生物滤池、厌氧好氧组合工艺,在人口分散的农村地区得到较好实践和应用。

图5.3-5 膜技术污水处理器

目前,较为常用的污水分散处理技术包括初级处理工艺和主体处理工艺两种。其中,初级处理工艺包括化粪池、隐化池、初沉池等,主要用于去除部分SS;主体处理工艺包括曝气池、生物滤池、序批式活性污泥(SBR)反应器、稳定塘、人工湿地等,主要用于去除COD、SS或氮、磷。在实际设计过程中,可结合实际情况,将上述各种工艺进行有效组合。各工艺处理技术比较情况见表5.3-3。

表5.3-3 污水分散处理技术对比

方法	污染物去除效果			能否去除N、P	抗冲击性能	运行管理方便	节能	中水回用	污泥减量	占地需求	其他限制因素
	BOD_5	SS	病原体								
延时曝气	好	好	好	否	很好	–	–	–	有	较小	温度
氧化沟	好	好	好	是	很好	–	–	–	有	一般	–
SBR	好	好	好	是	好	–	–	–	有	较小	–
接触氧化	好	好	好	除氨氮	好	方便	一般	–	–	一般	–
曝气生物滤池	好	好	好	是	好	–	好	–	–	一般	–
MBR	很好	很好	很好	工艺配置决定	好	–	–	–	–	很小	–
稳定塘	一般	一般	好	有一定效果	–	方便	好	可用	有	较大	温度
人工湿地	一般	较好	好	否	–	方便	好	–	–	较大	土地面积

续表

方法	污染物去除效果			能否去除N、P	抗冲击性能	运行管理方便	节能	中水回用	污泥减量	占地需求	其他限制因素
	BOD$_5$	SS	病原体								
慢速砂滤	好	好	一般	效果不稳定	一般	方便	好	–	–	较大	滤料、面积
地表漫流	较好	很好	不好	除磷效果好	–	方便	好	–	–	较大	温度、湿度
净化槽	好	好	好	是	好	方便	好	–	有	小	–
沼气净化池	较好	较好	较好	否	–	方便	好	–	–	很小	–

在选择污水分散式处理技术时,要因地制宜,将技术本身的特征与当地的特征相匹配。各种技术的特征因素包含:处理效果、抗冲击性能、后期运维、能耗高低、中水回用、污泥减量、占地大小等。除技术因素外,还要考虑当地地形、气候、政府财政收入来源、人均收入水平、人口密度、技术人员、处理后出水的用途等。

5.3.3.3 雨水调蓄措施

雨水调蓄措施既可以解决旱季污水排河,也可以缓解雨季时,雨污漫流、初期雨水污染河道问题。雨水调蓄功能具体体现在三方面:一是截污溢清、动态调蓄。在污水直排口处截流旱季排河污水及雨季初期雨水、雨污混流水,达到错峰调蓄、减少污染、保护受纳水体的作用。二是提升功能。河道直排口标高大部分低于河道周边污水管道底标高,排出口末端截留后不能自流接入污水管,需设置配套设施提升直排口标高。三是一定程度上能去除初期雨水以及晴天污水中的污染物。

5.4 面源污染源控制技术

面源污染是指工农业生产和居民生活产生的污染物以大面积形式弥散或大量小点源形式排放产生的污染,地表径流带来的污染物和农业耕作是面源污染的重要来源。目前城市河道,包括靠近城市区域的水源地的面源污染,主要是初期雨水将空气中、地面的各种污染物以地表径流的形式经城市排水系统带入河道。在点源污染得到有效控制的情况下,面源污染治理成为治理的主要内容,也是饮用水水源区需要重点防控的污染源。根据《第二次全国污染源普查公报》,

2017年，农业源水污染物COD、氨氮、总氮和总磷排放量分别为1067.13万吨、21.62万吨、141.49万吨和21.20万吨。尽管2017年的排放量较第一次全国污染源普查有所减少，但仍占据较高数量级，相比于点源污染，农业面源污染一方面具有污染源分散、多样，地理边界和发生的位置难以识别、确定等特点，另一方面其防治制度难以全面落实，涉及范围广，控制难度大。

5.4.1 构建污染农业源水污染物

在确定污染源涉及范围后，有针对性地提出避免或减少污染物进入水循环的方案。构建污染源防控体系包括管理措施和工程措施两方面。

在管理措施方面，首先应建立完善的法律法规等监管体系，这是防治面源污染的有效手段之一。如国家已颁布的《中华人民共和国环境保护法》《中华人民共和国农业法》《中华人民共和国长江保护法》等，制定经济政策、建立奖惩机制及推广肥料施用技术。同时结合国家政策，将生态建设成果、绿色农产品列入考核目标，督促各级政府加大面源污染治理力度。在地方层面，基于国家政策法规背景，出台适合区域污染防治工作的地方性法规，能起到更显著的作用，有利于推动解决农业面源污染防治工作中监管体制机制不健全、防治措施不精准、农民环保意识不强、执法主体不明确等问题。

在技术方面，比如化肥减量化施用、节水灌溉等均为有效措施。化肥减量化是从循环经济理念、养分平衡和施肥技术出发，科学制定环境友好的养分管理技术。通过合理减少农田养分投入，科学施肥，提高氮、磷养分利用率，在源头上减少农田面源污染。主要技术手段有精准化平衡施肥技术、养分平衡施肥技术。其中，使用控释肥、缓释肥与生物肥料，辅助以生物固氮技术，能有效避免土壤板结与土壤盐碱化，保证土壤肥力。在化肥减施工程的实际应用中，相关农业工作人员应注意根据作物类型调整氮、磷、钾等无机物肥料的使用量，适量使用有机肥进行补充，并根据季节和年份轮作豆科植物或绿肥植物等进行生物固氮，改善土壤环境，优化生产结构，防治面源水环境污染。

节水灌溉技术中，适合推广应用在农业面源污染防治的先进技术首推节水微灌。该方法仅对作物需水部位提供所需水量，由"浇地"转换为"浇作物"，而且灌水均匀。适用于设施农业和经济作物，能适应所有地形和土壤，具有节水、增产效应,能有效减少污染物转移。此外,微灌技术可将肥料溶于水中,减少氨挥发、径流和淋溶损失,提高了肥料的利用率。通过布置节水微灌措施,从源头减少化肥施用,可以减少部分排入水体的污染物。

5.4.2 迁移途径控制措施

受土壤水分运移的携带作用,未被作物吸收利用的土壤养分将发生迁移,最终汇入河网。近年来,全国各地开展生态环境保护工程,在农业面源污染防治方面积累了经验,促进了循环农业发展,改善了人居环境。在农业面源污染物的迁移过程中,可采取多种缓冲措施,减少汇入河网的污染物。

5.4.2.1 植被缓冲带

植被缓冲带是美国农业部自然资源保护署推荐用于面源污染物过程阻断最为有效的一种新型生态工程措施,最早在美国的农业面源污染防治中被应用。植被缓冲带是介于水体和陆地之间的植被带,其类型根据构建方式不同分为天然植被带和人工植被带,根据构建植被不同分为草地、灌木、林木缓冲带以及由其2种及以上植被构成的复合缓冲带。在治理农田面源污染上可以采用坡底等高缓冲带,应用于缓坡耕地的农作物与林草间,可加强对面源污染的控制。通过植被拦截及土壤下渗作用减缓地表径流流速的同时,可将径流中部分污染物去除。其横向结构见图5.4-1所示。

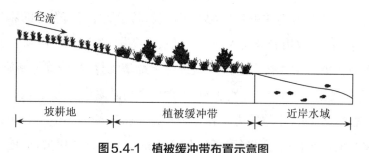

图5.4-1 植被缓冲带布置示意图

构建植被过滤带的植物种通常为当地的乡土优势种,对污染物有一定吸附作用或生长期间对营养物质有较大需求量,且还具有一定的经济价值。豆科植物如白三叶、紫花苜蓿和紫穗槐等因具有固氮作用,作为去除污染物氮的一种有效手段而被广泛应用于缓冲带的构建中。豆科与禾本科植物混交能够增强禾本科植物对氮的吸收作用,且混播构建的缓冲带较单一植物种构建的缓冲带更加稳定,对于病虫害的抵抗力也较强。草本缓冲带对污染物去除率跟植物的地上生物量有关系,白三叶及百慕大的地上生物量大于高羊茅,其对污染物的去除作用表现为白三叶>百慕大>高羊茅。此外,不同植物对污染物的拦截作用大小还与其生长季节有关系,植物处于生长季时对氮磷的需求较高,所以去除作用也会更加明显。不同地区常见用于植被缓冲带的植物类型见表5.4-1。

表5.4-1 缓冲带常用植物类型表

分类	植物名(拉丁文名)	削减率	适用地区
乔本科	狼尾草(*Pennisetum alopecuroides* (L.) Spreng.)	总氮削减率为68%—86%,总磷削减率为89%—96%,并对重金属有一定的富集作用	北京
	冰草(*Agropyron cristatum*(L.) Gaerln.)	总氮削减率为15%—60%,总磷削减率18%—81%	岚漪河
	高羊茅(*Festucaelata* Keng exE. Alexeev)	总氮削减率为19%—65%,总磷削减率15%—85%	太湖、洱海
	披碱草(*Elymus dahuricus* Turcz.)	总氮削减率为27%—64%,总磷削减率12%—79%	岚漪河
	多花黑麦草(*Lolium multiflorum* Lamk.)	对总氯、硝态氮、氨氮及全磷的去除率均能达到70%以上	北京市
	柳枝稷(*Panicumvirgatum* L.)	对氮、磷的去除率分别能到达30%—90%和40%—85%	意大利东部、北京
	狗牙根(*Cynodon dactylon* (L.) Pers.)	对氮磷的去除率最低能到到30%	太湖、滇池、香溪河、丹江口
	雀麦(*Bromus jaiporicus* Thunb. ex Murr.)	能够拦截28%以上的氮磷营养物质	艾奥瓦州
	须芒草(*Andropogon munroi* C.B. Clarke.)	对氨有较好的拦截作用,能够拦截60%以上的氮营养物质	巴西南部
胡颓子科	沙棘(*Hippophaei hamnoides* Linn.)	落叶小灌木。与草本配置成的缓冲带能够拦截50%—90%的氮磷等营养物及泥沙	陕西
	白三叶(*Trifolium repens* L.)	总氮削减率为45%—70%,总磷削减率为41%—70%,氨氮削减率为74.5%	太湖、滇池
豆科	紫花苜蓿(*Medicago sativa* L.)	豆科多年生草本,对全氮、全磷的削减率分别为53.66%和78.1%	岚漪河
	紫穗槐(*Amorpha fruticosa* Linn.)	落叶小灌木,对营养物质吸收作用较明显,能够拦截氮磷等营养物质20%以上	汾河

除植被类型以外，植被缓冲带宽度是影响截污能力的另一重要因素。Sabater等人研究结果表明，植被缓冲带对污染物的拦截效果与其宽度呈正相关。但是，受土地资源以及建设、维护成本的限制，缓冲带宽度不能过大。在缓冲带所处区域土壤、水文、地质及气候等外部条件存在差异的背景下，缓冲带最佳宽度具有地域特征，表5.4-2列出了部分研究成果推荐的缓冲带最佳宽度。对我国各地的缓冲带而言，一般坡度较缓的植被区，坡度一般为2%—6%，宽度不小于2 m。

表5.4-2　植被缓冲带特性表

地点	方法	土壤类型	坡度/%	宽度/m	植被类型	平均削减率/%		
						氮	磷	悬浮物
弗吉尼亚	SR	壤土	5—16	4.6—9.1	草本	63—76	49—95	83—93
巴西南部	SRO	沙壤土	10	5—30	草本	63—84	19—84	66—84
内布拉斯加州	SR	沙壤土	6—7	7.5—15	灌草	–	60—75	75—85
堪萨斯州	SR	沙壤土	4	9.7—15.3	草本	95—99	84—96	85—99
加拿大	R	沙壤土	3	5	草本、乔草	–	85—86	85—87
艾奥瓦州	R	沙壤土	5	7.1—16.3	草本	–	78—80	93—97
岚漪河	R	沙壤土	2	10—15	灌草	55—56	84—85	93—94
艾奥瓦州	R	沙壤土	3	3—6	草本	28—46	37—52	66—77
密苏里州	R	沙壤土	5	8	草本	36—54	55—68	69—91
意大利	R	黏土	1.8	35	乔灌草	73	80	94
美国东部	R	沙壤土	2.5	6	乔草	93	80	72
江苏	SRO	沙壤上	3	3—12	草本	41—70	45—70	–
滇池	SRO	–	2	4—20	草本	20—46	20—45	20—46
上海	SRO	–	3	1—7	乔灌草、灌草、草	19—34	12—47	–
山西	SR	–	–	2—19	草本	20—64	20—64	–
北京	SRO	壤土	–	1—3	草本	65—84	80—95	78—92
太湖	SRO	壤土	4	3	草本	27	20	42
潮白河	SRO	褐土	8—13	20	草本	70—74	71—80	–
陕西	SRO	黄土	25	3—5	草本	0.5—14	76—94	85—99

地点	方法	土壤类型	坡度/%	宽度/m	植被类型	平均削减率/%		
						氮	磷	悬浮物
北京	SRO	-	5	5	草本	4	86	97
陕西	SRO	-	2	10—15	草本	91—98	97—99	-
美国南部	R	黏土	2.7—5.4	19—85	森林	62—94	78—96	-
加拿大	R	细沙壤土	-	50—70	森林	80—99	-	-
加拿大	SR	-	4	21—27	草本	84—93	64—92	79
加拿大	R	沙壤土	1—13.2	25—220	乔木	60—99	-	-
波兰	R	沙质黏土	17—20	14—30	乔木	-	-	-
荷兰	R	沙土	7.5—20	10—20	乔木	0—98	-	-
瑞士	R	-	0.8	20	乔木	39	-	-
法国	R	黏土	2.2	15	乔木	37—78	-	-
西班牙	R	沙土	22	20	乔木	78	-	-

5.4.2.2 生态沟渠拦截技术

利用生态拦截沟对农田流失的氮磷进行截留和去除,是削减农田污染的重要途径。生态沟遵循生态学原理,在保证水土、气土交换和生态结构不被破坏的前提下,通过工程措施进行地形改造,包括在坡种草、在岸种柳和在沟塘种植水生植物,设置多级拦截坝来固定坡、岸泥沙,可大大减少水体中氮、磷的含量,达到清除垃圾、淤泥、杂草和拦截污水、泥沙、漂浮物的作用,最终构建稳定的生态系统。

单一生态沟渠对面源污染水体中氮、磷的去除率可达48%—68%和41%—70%。例如,台喜荣等研发出新型生态沟渠,通过加入人工基质材料,比较不同材料配比以寻求最佳配方,有效提高生态沟渠溶解氧浓度,并对N、P有较好的去除效果。王晓玲等在不同时期降雨下生态沟渠技术对径流氮磷的去除效果研究表明,对总氮的平均去除率为31.4%,对总磷的去除率为40.8%。

与生态拦截沟相比,人工湿地蓄水量和水体滞留时间相对较长,可以充分发挥植物对污染物的吸收作用,在处理低浓度的氮、磷污染水体时,具有较好的效果。生态拦截沟末端配置人工湿地可以更为高效地处理农村复合污水,对TN、TP的去除率分别达到88%和83%。

5.4.2.3 生态塘

生态塘是一种结构简单、投资少、维护方便、运行成本低的新生态处理系统,主要是在塘中种植水生植物,使农田充分吸收和利用农田损失的养分,多用于处理农田面源污染中氮、磷等污染物。生态塘一般包括三层结构,分别为好氧层、兼氧层、厌氧层。在好氧层内,好氧微生物、藻类、水生植物、鱼类吸收水中营养物质加以繁殖生长。兼氧层在微生物作用下一方面将无机碳转化为有机化合物,另一方面有机物在兼氧菌的作用下分解成气体排出。污水在生态塘缓慢流动的过程中,利用土地—微生物—植物组成的复合生态系统对污水中的污染物进行去除,达到净化污水的目的,同时微生物、植物通过吸收水中营养成分繁殖生长。

生态塘降解去除污染物,具有以下特点:

结构简单,便于建设。可以利用天然沟渠、沼泽、池塘兴建或改造为生态塘,便于人工建立土壤—微生物—植物生态系统,结构简单。还可以利用与人工湿地相结合的方法达到更好的去除效果。

维护方便、运行成本低。生态塘利用水中微生物,易繁殖的藻类、水莲、水芹菜等水生植物,水中鱼类、鸭子等组成天然生态系统,达到去除有机物、氮、磷的目的,无需药剂,污泥量少。运行管理方便。

生态效益显著。可以对农村环境进行统一规划布局,将生活污水、牲畜废水、农田排放废水利用生态塘进行处理,建立花园式休闲场所,繁殖观赏性水生植物,达到既去除污水又美化环境的目的,具有良好的生态效益。

实现污水资源化利用。经生态塘处理后的污水可以回灌于农田,也可作为水产养殖、绿化浇洒、道路冲洗用水,这为节约水资源、实现污水资源化利用提供了新的途径。

5.4.3 末端控制治理

末端控制是指污染源在最终汇入水体前,通过一定的工程措施,对污染物进行物理吸附或转换,达到削减污染物、保护水环境的目的。

5.4.3.1 多水塘技术

多水塘技术是流域农田面源污染末端治理常用的技术之一,对生态环境治理有明显的改善作用。它是由水塘和进出水系统组成,主要是利用土壤、植物、微生物通过物理、化学、生物的一系列反应,对污染物进行截留、吸收、降解等,实现面源污染物得到净化的目的。李亚等治理面源污染时,在末端采取多水塘技术表明,多水塘技术不仅可以去除水中悬浮物,还可以减缓降雨时雨水径流速度,使大量悬浮物质产生沉降。李玉凤等使用多水塘系统处理农村水污染问题表明,利用多水塘系统可以降低水体流速和增加地表径流的停留时间,很好地拦截、降解水体中的污染物。

5.4.3.2 前置库

前置库技术因其在控制水体富营养化方面效果显著得到广泛关注。其控污机理为,在汇水区河流入口段设置前置库调节来水在库区的滞留时间,使泥沙和吸附在泥沙上的污染物质在前置库沉降。前置库技术可因地制宜地进行水污染治理,对于控制面源污染,减少湖泊外源有机污染负荷,特别是去除入湖、库地表径流中的污染物安全有效,值得深入研究。

5.4.4 政策保障

2017年,为落实中央一号文件精神,推进农业面源污染防治工作,农业部印发《2017年农业面源污染防治攻坚战重点工作安排》,对全年农业面源污染防治工作进行了部署安排。2017年各级农业部门要紧紧围绕"一控两减三基本"目标,加强农业环境突出问题治理。按照"重点突破、综合治理、循环利用、绿色发展"的要求,强化政策保障,探索农业面源污染治理有效支持政策;强化综合示范,重点打造省县两级农业面源污染防治示范体系;强化监测考核,完善监测网络,逐步将"一控两减三基本"的成效纳入绩效考核范围,坚决打好农业面源污染防治攻坚战。

在工作措施上,《2017年农业面源污染防治攻坚战重点工作安排》提出了实施"七个行动":一是推进化肥农药使用量零增长行动。加强试点示范,做好技术凝练与推广,做好农企对接,推进社会化服务。二是推进养殖粪污综合治理行动。全面推进畜禽养殖粪污处理和资源化,开展畜禽养殖标准化示范、水产健康养殖示范场和示范县创建活动,推进洞庭湖区畜禽水产养殖污染治理试点工作。三是推进果菜茶有机肥替代化肥行动。创建果菜茶有机肥替代化肥示范县,构建果菜茶绿色发展工作机制。四是推进秸秆综合利用行动。实施好秸秆综合利用试点,召开秸秆机械化还田离田现场推进会,发布推介秸秆综合利用十大模式。五是推进地膜综合利用行动。探索推进东北黑土地地膜使用零增长计划,在西北、华北等旱作地区开展地膜回收利用补助试点,开展可降解地膜试验示范。六是推进农业面源污染防治技术推广行动。研发一批与"一控两减三基本"目标相关的新技术、新产品和新设备,做好技术应用推广。七是推进农业绿色发展宣传行动。组织开展多形式、多渠道、全方位的绿色发展系列宣传报道活动,举办现场经验交流会,集中展示绿色技术,推介绿色发展模式。

5.5 水域净化与生态修复技术

5.5.1 人工湿地构建技术

5.5.1.1 人工湿地基本特点

人工湿地是指模拟天然湿地的净化原理,由人为设计建造的湿地生态系统。它是由基质、植被、微生物、动物与水组成的复合体。在运行过程中,湿地内的基质、微生物和植物共同作用,通过过滤、吸附、沉淀、生物转化等一系列物理、化学和生物反应,去除水体污染物。其中,作为自然界的唯一分解者,微生物在人工湿地系统中对污染物的去除起到举足轻重的作用。

与传统的水处理技术相比,人工湿地技术有以下特点:①其构建材料基本为天然土壤、矿物材料以及一些植物,建设和运行费用低;②对水量和水质变化有着较好的缓冲能力,处理效果相对稳定;③在去除污染物的同时,可以作为城市景观的组成部分之一,有一定的间接效益,且二次污染小;④占地面积大,处理效果受外界环境变化影响较明显,基质会出现堵塞,需定期更换或清理。

5.5.1.2 人工湿地基本构成要素

基质、微生物和植物是构成湿地系统的基本要素。其中,基质是植物根系和微生物的附着基础,同时能够截留和吸附污染物质,为各种物理、化学和生物反应提供场所。植物通过光合作用可以往湿地内部输入氧气,促进微生物的生长;

同时,通过自身同化作用对氮和磷也有一定的去除效果。

1.基质

人工湿地中的填料一般由土壤、细砂、粗砂、砾石、碎瓦片或灰渣等构成。填料在为植物和微生物提供生长介质的同时,通过沉淀、过滤和吸附等作用直接去除污染物。人工湿地中所选填料应该具有质轻、机械强度大、比表面积大、孔隙率高等特点。并且填料的化学性质稳定,不含或者含有少量有害物质。

人工湿地中的基质层往往由多种填料组成,填料的级配对人工湿地的运行效果也有很大影响。不同的填料级配情况适用于去除不同的污染物质,并且可以有效防止阻塞情况的发生。对于潜流湿地来说,基质的粒径尺寸应既具有较高的比表面积为微生物提供更多的附着介质,又能保证一定的水力传导性能,防止床体很快被堵塞。目前最常选用的粒径范围在4—16 mm之间。填料的厚度是决定人工湿地过水断面面积和污水处理效果的重要参数。目前运行的人工湿地,其填料厚度在0.5—1 m之间。填料层厚度较小时,可以保证整个湿地基质层内的好氧条件。当填料层较厚时,底部填料层会出现缺氧或者厌氧条件,为反硝化菌群的生长创造了有利条件。

针对不同的污染物质,人工湿地中各种填料处理效果也不尽相同。自由表面流湿地多以自然土壤为基质,水平潜流和垂直流湿地基质的选择则呈多样性,同时也会考虑取材方便、经济适用等因素。一般说来处理以SS、COD和BOD为特征污染物的污水时,可根据停留时间、占地和出水水质要求选用细沙、粗砂、砾石、灰渣中的一种或两种作为基质。以除磷为目的则多选择方解石、大理石或含Ca^{2+}、Fe^{3+}和Al^{3+}离子较多的矿石。对于有机物、总磷、氨氮含量较高的污废水,选用碱性填料效果较好。沸石则较适用于处理氨氮含量较高的废水。总之,在研究和应用过程中,基质组成的选择要从成本、效果、稳定性和二次污染等方面综合考虑。

2.微生物

人工湿地是通过微生物、基质、植物的相互作用来实现对污染物的去除,其中微生物被认为是污染物降解的主要承担者。湿地中的微生物种类多样,包括细菌、藻类、原生动物、真菌和后生动物,其中细菌占主导优势地位。在一定的环境下,这些微生物会形成特定的微生物种群结构,发挥着相应的代谢功能。换言之,环境条件会影响湿地系统的微生物种群结构,而种群结构又决定了湿地系统的处理效果。湿地中的微生物除了在自身生长繁殖过程中会吸收同化一部分营养物质外,大多数有机污染物会被异养微生物降解成CO_2等气体排出。同时,通过微生物的硝化、反硝化和厌氧氨氧化等反应,可以有效脱除水体中的氮。有机磷被微生物转化为磷酸盐后,大部分被基质吸附而脱除,还有一部分被植物和微生物吸收。

3.植物

湿地植物通常包括挺水植物、沉水植物和浮水植物。湿地植物可以直接吸收污水中可利用的营养物质、吸附和富集有毒有害物质。根据提出的根区法(The Root-Zone-Method)理论,植物的根系为细菌提供了多样的生存环境,并输送氧气至根区,有利于微生物的好氧呼吸。植物根区附近丰富的微生物群落可以通过代谢活动将各种营养物质降解、转化。此外,植物在人工湿地中还有如下作用:①起到布水和降低水流的作用,为拦截和沉淀颗粒物提供更好的水力条件,增加了污水和植物根系的接触时间;②植物密集的根系可以稳定床体表面,同时根系的生长有利于有机质的降解,进而可以减缓填料层的堵塞;③植物根系通过释放氧气可以改变其周边环境的氧化还原状态,进而影响植物根系周围的生物地球化学循环过程;④湿地植物会改变风速等环境参数,影响水面的复氧能力和光照,进而会影响微生物的生长和代谢;⑤植物根系的生长可以松动基质,改善土壤的水力传导性能;⑥大型的湿地系统中,植物可以为鸟类等野生动物提供栖息场所,具有生态效益和美学观赏。

最常用的植物种类包括芦苇、香蒲、灯芯草、菱白、苔草、大米草、小叶浮萍、美人蕉等。但是目前对植物在废水处理方面的作用仍存在一些争论。虽然一些研究人员认为植物在湿地净化污水的过程中有着重要的作用,但也有研究人员认为其价值主要在美观方面。

5.5.1.3 人工湿地的分类

一般而言,根据反应体系内水体流动方式的不同,人工湿地可分为三种类型:自由表面流型(Surface flow constructed wetland,SFCW)、垂直流型(Vertical flow constructed wetland,VFCW)和水平流型(Horizontal flow constructed wetland,HFCW)。

1.自由表面流型人工湿地

在这三种类型的人工湿地中,自由表面流型与自然湿地最为接近,基建费用低,运行简单。污水或者受污染水体常年在湿地表面漫流,有利于浮游生物的生长和氨的挥发。携带的污染物自然沉降,并被湿地植物及基质表面的微生物吸附和降解。相较于垂直流型和水平流型湿地,由于基质和植物根系与水体接触不足,自由表面流型基质内部和植物根系微生物对污染物去除贡献较小,因此净化效果相对较差。此外,自由表面流型处理效果受气候条件影响更为显著。在温度较高的气候条件下,自由表面流型运行时容易滋生蚊蝇,有时还会产生臭味;而在气温较低的时候又容易出现结冰等问题。正因如此,单一表面流型的实际应用过程较少,其往往与其他类型的湿地结合使用。

2.垂直流型人工湿地

垂直流型一般由多种填料组合填装而成。按照水体流动方向的不同,垂直流型可分为垂直下行流和垂直上行流。在此类型湿地系统中,受污染水体可以贯穿基质层。这样不仅可以更有效地发挥基质层的吸附和过滤能力,而且能够充分利用基质内部和植物根系附着的微生物对污染物进行降解。但是饱和运行的垂直流型基质内部溶解氧往往较低,影响硝化反应。因此,其往往以不饱和状态或者间歇式运行,通过大气复氧,显著提高硝化能力。垂直流型具有处理效果好、占地面积小、适应范围广等优点,但是其建造费用较高,运行操作也相对复杂,且更容易出现堵塞现象。

3.水平流型人工湿地

水平流型人工湿地运行时,受污染水体在基质表层以下做水平流动,从湿地的一端流向另一端。这样能够充分发挥基质层的吸附和过滤能力,而且有利于基质表面和植物根系的微生物对污染物的去除。另一方面,饱和运行的水平流型人工湿地在表面有一个复氧层,同时植物的光合作用能够向填料层释放一定的氧气,进一步强化微生物的净化作用。湿地下层一般为缺氧环境,有利于反硝化作用。水平流型具有较大的水力负荷,占地面积相对小,保温性和卫生状况也优于自由表面流型人工湿地,受气温影响相对较小;但是投资费用较高,操作不当会引起填料层的堵塞。

5.5.1.4 人工湿地的净化机理

1.悬浮物的去除

在人工湿地中,进水悬浮物的去除主要依靠基质层填料、植物根茎、腐质层的过滤和阻截作用。污水与人工湿地中填料的接触程度是影响悬浮物去除率高低的主要因素。在自由表面流型人工湿地中,水流均匀缓慢流动,悬浮物自然沉降。而在潜流水平型人工湿地和垂直流型湿地系统中污水贯穿了整个填料层,使得污水与基质层可以充分接触,提高了悬浮物的去除效率。人工湿地对悬浮物的去除不代表湿地系统内已经不存在悬浮物质。湿地系统中通常存在供氧不足的情况,如果截留下的悬浮物质并没有被有效分解转化而是积累在湿地系统内部,那么长期运行会导致填料层的渗流能力减弱。

2.有机物的去除

污水中的有机污染物进入湿地系统后首先被基质和植物根系截留和吸附,然后被微生物进一步降解。有机物的分解有好氧和厌氧两条途径。前者是通过好氧微生物和兼氧微生物的代谢,将有机物转化为 CO_2 和 H_2O,以及自身细胞物质;后者是通过厌氧微生物的作用,实现有机污染物的降解。有机物厌氧生物降解过程较为复杂,主要包括:有机污染物通过厌氧发酵被转化为 CH_4 和 CO_2,以及其他一些小分子物质;另外还有一部分有机物作为碳源被反硝化菌摄入用于脱氮。

3.氮的去除

在人工湿地系统中,氮的去除方式包括氨挥发、基质吸附、植物吸收以及微生物脱氮。氨挥发分为湿地地表挥发和植物叶片挥发。湿地表面氨挥发需要水体pH在9.3以上才会比较显著,而一般湿地pH在7.5左右。因此这部分氮挥发可以忽略不计。叶片氨挥发是导致植物生长后期氮素积累减低的原因之一,但是其对湿地系统脱氮的贡献也并不显著。

湿地基质对有机氮和无机氮均有一定的吸附作用。一般认为基质截留和吸附的氮并没有从根本上被净化去除,而会通过其他途径继续被转化。也就说基质的作用实际上是延迟了氮素在湿地系统中的停留时间。沸石对氨氮具有较好的吸附能力,能够吸附一定量的氨氮;但是其持续性较差,不能在氨氮含量减少的同时重新建立起交换平衡。湿地植物对氨氮和硝态氮都有吸收,其中硝态氮是植物利用的主要形式。目前大多数研究认为湿地植物的氮吸收量只占湿地氮去除量的一小部分,尽管植物吸氮受污水性质、湿地负荷、气候条件、植物种类以及植物生长状况等因素影响,但是其并不是湿地脱氮的主导作用方式。

大量研究表明微生物脱氮是湿地系统去除氮的主要方式,主要包括硝化反硝化脱氮以及厌氧氨氧化脱氮。硝化作用是指好氧条件下氨氮(NH_4^+)先被氨氧化菌(Ammonia-oxidizing bacteria,AOB)转化成亚硝酸盐(NO_2^-),然后进一步被亚硝酸盐氧化菌(Nitrite-oxidizing bacteria,NOB)转化为硝酸盐(NO_3^-),其中亚硝化是整个氧化阶段的限速步骤。反硝化是指在无氧或者缺氧条件下,NO_3^-和NO_2^-被反硝化菌转化为氮气或者其他气态氨氧化物的过程。湿地通过进水携氧、大气复氧以及植物根系输氧等方式,为系统内的好氧硝化菌提供了生长所必需的氧气。有机氮会被微生物降解为铵态氮,水体中的氨氮在湿地好氧区域进行硝化作用。硝态氮可以扩散到湿地厌氧区域进行反硝化作用并生成氮气排出。AOB和NOB一般为好氧化能自养型微生物,而反硝化菌一般为厌氧化能异养型微生物。此外,以厌氧氨氧化细菌为介导的Anammox(anaerobic ammonium oxidation)自养型脱氮也是人工湿地潜在的脱氮途径之一。Ananmmox脱氮需要在无氧条件下进行,且不需要外源有机碳源,也不会产生温室气体N_2O。这种自养型脱氮途径的发现打破了硝化反硝化是湿地唯一脱氮模式的这一传统观念,也在一定程度上解释了有关地球氮循环中氮通量不平衡等问题。

4.磷的去除

人工湿地中磷的存在形式主要包括有机磷、不溶性磷和可溶性磷,其中不溶性磷所占比例最高,而生物体只能利用可溶性磷。研究表明在人工湿地中,基质对磷的去除贡献最大。可溶性磷酸盐能够与基质中的Al^{3+}、Fe^{3+}和Ca^{2+}等离子发生化学反应,生成磷酸铝、磷酸铁和磷酸钙等沉淀物质。因此,针对磷的去除,要尽量选择含Ca^{2+}、Fe^{3+}和Al^{3+}等的基质材料,而且基质表面的吸附位和pH是影响湿地除磷效率的关键因素。

植物对磷的去除主要通过生长过程中的同化作用,以及植物组织对磷的吸附作用。通过定期收割植物,理论上可以从水体中移除磷,但是贡献较小,且去除效率低。微生物在人工湿地对磷的转化过程中发挥了重要的间接作用。微生物可以将复杂的含磷化合物降解并释放出磷酸盐,从而促进了基质和植物对磷的固定。此外,人工湿地中的好氧和厌氧的交替环境在一定程度上也能够实现聚磷菌对磷的过量吸收,但是由于不具备类似于废水生物处理工艺中的污泥排放功能,因此微生物摄取的磷也并没有被排出湿地系统。

总之,人工湿地在净化污水的过程中,对磷的去除大体上只是改变其存在形式和空间分布,最终磷大多都累积在基质层中。因此,欲保持湿地系统持续对磷的去除效果,仍需要定期更新基质。这也是人工湿地系统所面临的共性问题。

5.重金属的去除

重金属的去除主要依赖于湿地中基质的吸附。水体中的重金属离子在基质层中会发生吸收、络合和解络合等多重变换反应。对于金属离子含量并不高的污水和富营养水体的处理,人工湿地系统能够去除大部分流入的重金属污染物,但是其并不适用于重金属污染物浓度较高的工业污水处理。此外,在湿地系统中种植一些具有重金属超累积效应的植物,也有利于重金属污染物的去除。

5.5.1.5 人工湿地技术的潜在问题及强化策略

近年来,人工湿地已被广泛应用于各种污废水的处理。已有研究表明,虽然人工湿地能够较好地去除有机物、悬浮物等污染物,但是在氮磷去除尤其是脱氮方面往往达不到预期目标。在人工湿地处理污水过程中,通过采用吸磷能力较强的基质以及与植物的综合运用,能够在很长时间内保持水体中磷的有效去除。但是氮的去除主要依赖于微生物的作用,因此如何强化湿地系统的脱氮能力是目前该技术需要解决的关键问题。人工湿地脱氮过程包括了氨的挥发、植物吸收、基质吸附以及微生物转化。一般认为,微生物的硝化反硝化作用对人工湿地脱氮贡献最大,甚至决定了湿地对氮的去除能力。但是目前运行的人工湿地大多是按照湿地生态系统的自然规律来实现污染物的迁移转化,因此其硝化反硝化能力往往被限制在一定的水平,从而导致湿地系统尚不能承受更高的污染负荷和具有高效的去除能力。

通过研究各种技术以强化人工湿地的净化能力是近年来的研究热点。综合已有研究报道,可借鉴的技术方法主要包括:

①生物强化技术,包括植物修复强化技术和微生物强化技术。植物修复强化技术主要是通过培育超累积植物、添加植物激素以及优化栽培方法等手段,以提高植物对污染物的吸收,主要针对重金属污染物和磷的去除。微生物强化技

术则是通过投加功能微生物菌剂、酶制剂或者微生物生长促进因子,以提高湿地系统中的微生物量和酶活性,进而强化污染物的降解和转化。

②优化基质材料和配比。通过优选特效和长效基质,提高基质对污染物尤其是磷的持续吸附能力。

③发展组合工艺。根据不同人工湿地的水力特性、生物学特性以及污染物降解规律,合理组合不同类型的人工湿地以实现优势互补,提高污染物的去除率。

④提高系统的供氧能力。可以在湿地系统中设置曝气装置强化充氧,也可以控制植物栽植密度,并优选根系输氧能力较强的植物进行组合配置,加强植物供氧;或者采用间歇方式进水,提高湿地系统表层复氧。

从以上分析不难看出,脱氮效能的提高仍然是目前人工湿地亟待解决的关键难题之一。已有研究报道基本都是以提高湿地系统的硝化反硝化作用为出发点来强化氮素去除。从反应历程来看,硝化反硝化脱氮需要厌氧和好氧环境相互交替,且需要有机碳源。因此,在处理低 C/N 的污水时,人工湿地系统中溶解氧和有机碳源往往成为影响脱氮的关键因素。通过曝气增加系统的溶解氧,的确能够显著提高系统的硝化能力和好氧降解能力,但是能耗也随之增加,便突显不出湿地技术低能耗的优势。投加硝化反硝化菌剂或者促生剂等方式,虽然能够短期内提高净化效果,但是低溶氧和寡碳的反应条件不利于硝化菌和反硝化菌的定植,因此往往需要定期投加以保持湿地系统内的生物量,导致成本很高。如此看来,针对人工湿地的脱氮过程强化,需要在硝化反硝化的基础上引入一种低耗氧且无需有机碳源的生物脱氮途径。而以厌氧氨氧化细菌为介导的 Ananmox 途径在理论上是符合这种要求的,但是相较于在工业废水脱氮方面的应用,Anammox 在人工湿地处理系统中的应用研究较少,值得进一步探究。

5.5.2 河床生态构建

5.5.2.1 河床的生态衬砌

工程化改造后的河床进行硬化衬砌,不仅阻隔了地表水与地下水的连通,也影响了河床底部微生物、水生植物和湿生植物的生长环境,进而影响了昆虫、鸟类及两栖动物的生存环境,冲击了河道生态系统的整个物质循环。河床的生态化修复是河道生态修复的重要组成部分,必须在这个前提条件下进行修复改造和后续的景观设计。在水资源短缺的地区,河床的建设要考虑城市河道的水域面积,保持一定的水面面积是景观营造的重要条件。在河道的改造初期就应该做好防渗措施,破除原有硬质河床后,选用较为成熟的植生型防渗砌块技术来进行城市段河道河床的铺设。植生型防渗砌块结构就是由不透水的混凝土块体和供水生植物生长的无砂混凝土框格组成。在铺设时通过砌块间的凹凸槽进行紧密排列,可以有效地抵抗水流冲刷和河水渗漏。混凝土框格中进行填土可以种植水生植物,进而为河床上的微生物提供适宜的生长环境,既可以吸收和降解水体中的污染物,又可以提高水体的净化能力,保持河道的清洁干净。(见图5.5-1)

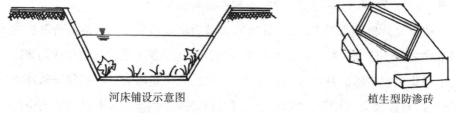

河床铺设示意图　　　　　　　　　　　　　　　植生型防渗砖

图5.5-1　植生型防渗砖衬砌

5.5.2.2 深潭浅滩的序列创建

自然河道的河床由于河道的自然冲刷和堆积会在河道弯曲的凸岸处形成泥沙堆积的沙丘,凹岸处由于受到长时间冲刷形成深潭,在顺直的河道处形成浅滩,最终的河道形态会变为浅滩—深潭交替出现的序列(见图5.5-2)。在进行城市河道景观水体设计时,要考虑浅滩与深潭的大小及排布。具体布局可以根据水力学原理和河道的弯曲频率来进行设计,每一处河道弯曲处设计配有一组深潭与浅滩,每组深潭—浅滩可以按照下游河宽的5—7倍的距离来交替布置。深潭是低于周边河床0.3 m以上的部分,浅滩是高出周边河床0.3—0.5 m的部分,且其顶部高程的连线坡度应该与河道坡降保持一致。深潭与浅滩的创建可以形成不同的河水流速,有助于河床微生物的生境形成丰富的生物群落,增加河道生态系统的多样性。

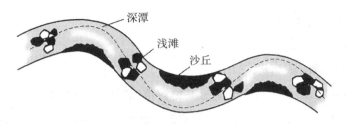

图5.5-2　河道浅滩—深潭序列创建

5.5.3 植物修复

生物修复是指利用生物的生命代谢活动减少污染环境中有毒有害物的浓度或使其无害化,从而使污染了的环境能够部分地或完全地恢复到原初状态的过程。按所利用的生物种类,可分为微生物修复、植物修复、动物修复;按被修复的污染环境,可分为土壤生物修复、水体生物修复、大气生物修复;按修复的实施方法,可分为原位生物修复、易位生物修复;按是否人工干预,可分为自然生物修复和人工生物修复。结合水源地水环境保护特点,本部分所指的生物修复主要涉及在自然生物修复中的植物修复。

5.5.3.1 植物生态修复技术原理

植物修复技术,简单而言,就是运用某种特定的植物或植物群组去降解和清除受到污染的场地(河道、废弃农田、工业生产污染区)中的特定污染物。然而,除了降解和清除污染物之外,植物生态修复技术还包括对周围土壤或植物根系结构处污染物的固定。基于植物方法的预防措施等,在污染发生前就能治理污染源,进而缓解生态问题。

植物修复通常用来净化被污染的土壤和净化地下水,缓解水质污染的压力。植物生态修复技术则包括所有的以植物为基础的污染修复和预防系统,如人工湿地、生物沼泽、屋顶绿化、墙体绿化和垃圾填埋区种植。从更广泛的视角来看,公园、社区花园和城市绿道空间有大量的植物生态修复技术成分介入到河道生态修复改造和景观设计之中。例如:在受污染的城市河道构建保护性河岸缓冲带和植被过滤带,在其中引入一系列可用于环境约束和控制污染的植被。

植物生态修复技术是基于生态原则,将自然系统、人类和社会干预视为一个整体。正是这一点,使植物生态修复技术开始逐步在河道生态改造设计和景观设计实践中得到应用。

5.5.3.2 植物生态修复技术机制

1.有机污染物修复

（1）植物降解

植物降解（见图5.5-3）主要是污染物被植物吸收后分解为较小的成分，这些成分又叫作植物的新陈代谢物，无毒无害。植物在生长过程中又经常利用这些代谢产物，所以几乎没有污染物残留。降解主要发生在光合作用过程中，或由植物体内的酶和生活在植物体内的微生物完成。

（2）根际降解

根际降解（见图5.5-3）也称作植物刺激、根际生物降解或植物辅助生物修复降解。当根际降解起作用时，污染物被植物体内释放的根际分泌物和根周围的土壤微生物分解。当土壤微生物在进行降解时，植物在此过程中仍起到关键作用，因为植物体释放的植物化学物质和糖又为微生物的繁殖创造了条件。植物实质上为污染物的降解提供了一个反应容器，通过增加微生物的数量，以及刺激有特定降解作用的微生物群落生长来实现。环境污染物是较为复杂的化合物，一般只能被少部分的土壤微生物所代谢。但是，如果土壤微生物大量增殖，碳源就会被快速耗尽，土壤微生物群落可能就会适应并利用污染物作为碳源。最初的污染物被降解，且无须收割植物，所以植物降解和根际降解是植物生态修复技术中最好的方式。

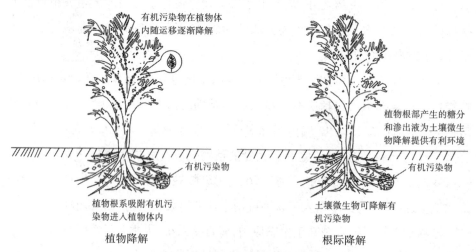

图5.5-3　植物降解与根际降解

2.有机和无机污染兼有修复

（1）植物挥发

污染物以固态、液态和气态的形式存在,植物以任意一种形式吸收污染物,然后以气体的形式挥发到大气中,从而将污染物从污染地移除。气体通常以非常慢的速度释放,周围的空气质量不会受到太大的影响。从地面移走污染物的效益通常情况下优于将污染物直接释放到大气中。（见图5.5-4）

（2）植物新陈代谢

植物新陈代谢是植物将污染物转化为生物量用于自身生长。植物在生长中需要养分作为基本构成要素来进行光合作用和生产生物量。植物新陈代谢是植物将所需的养分（如氮、磷、钾）进行处理,并转化为植物体的组分。而且,一旦有机污染物被植物分解,过程中遗留下来的代谢物就会进行植物新陈代谢,从而转化为植物体的生物量。（见图5.5-4）

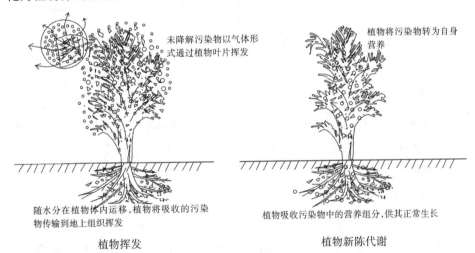

未降解污染物以气体形式通过植物叶片挥发

植物将污染物转为自身营养

随水分在植物体内运移,植物将吸收的污染物传输到地上组织挥发

植物吸收污染物中的营养组分,供其正常生长

植物挥发　　　　　　　　　　　　　　植物新陈代谢

图5.5-4　植物挥发与植物新陈代谢

（3）植物提取

植物提取（见图5.5-5）指植物从土壤和水中吸收污染物并转移到植物体内储存,通过收割植物以去除污染物。当植物提取与植物降解相结合时,这些有机污染物基本上都能从土壤中消失。无机污染物都是元素周期表中的元素,它们不能被降解并分解成更小的单元,但植物可以将这些提取的无机污染物存储在新

芽和叶片中。要想将污染物从场地中清除出去,就必须在叶片掉落之前或植物体死亡之前收割植物。这些收割的植物材料会被燃烧,继而进行垃圾填埋处置,进行生物再利用(如燃料、硬木、纸浆等),或者焚烧并熔炼成矿石以提取有用的金属(称之为植物冶炼)。

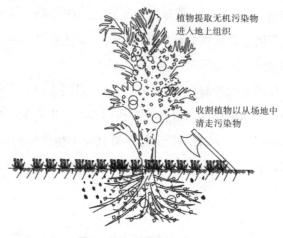

植物提取无机污染物进入地上组织

收割植物以从场地中清走污染物

图5.5-5　植物提取

(4)植物水力学

植物吸收水分的同时也会吸收污染物,根系吸收水分可以产生拉力(见图5.5-6)。这种拉力很大,能把地下水拉进植物体,而且大量的植物可以改变水流的方向或阻止地下水的流动。

(5)植物固定

植物固定也称植物封存、植物累积、根际过滤。主要形式是植物将污染物固着在场地内,这样污染物就不会移出污染地。出现这种现象是因为植被将污染物物理覆盖,同时可以释放植物化学物质进入土壤来固定污染物,使其生物可利用度降低(见图5.5-6)。此外,植物累积作用指的是叶片表面富集空气中的污染物,通过物理作用将污染物从空气中过滤掉并将其固着在场地内。

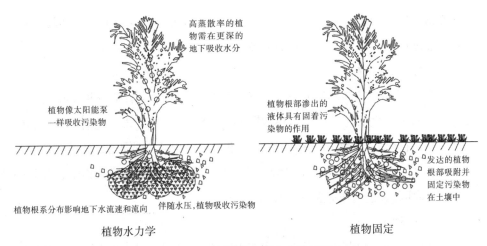

高蒸散率的植物需在更深的地下吸收水分

植物像太阳能泵一样吸收污染物

植物根部渗出的液体具有固着污染物的作用

发达的植物根部吸附并固定污染物在土壤中

植物根系分布影响地下水流速和流向

伴随水压,植物吸收污染物

植物水力学

植物固定

图5.5-6 植物水力学与植物固定

(6)根系过滤

根系过滤是通过植物根系和土壤过滤水分。在人工湿地和雨水过滤装置中,植物的根系从水中将污染物过滤出来,植物将氧气和有机物质排入土壤中。

3.植物生态修复植物特性和配植

(1)对污染物有耐受力

选择能生长在受污染土壤中的植物是考虑的重要选种条件。很多污染物都对植物有毒害作用,还会抑制植物生长。挑选植物时,需要考虑植物是否能够耐受污染物的浓度。另外,最好选择多年生耐旱植物,因为其一旦适应了当地的气候,就会入侵式生长,长势会压过杂草和其他植物。

(2)植物根长和结构

植物生态修复要求植物必须能够接触到污染物,因此会受根长的限制。大多数湿地植物的根长小于30 cm,草本植物最大根长为60 cm,直根系树木的最大根长可达3 m。不过,耐旱植物种类和地下水湿生植物(喜湿深根植物)的根系可以扎到更深的地方,可主要应用于植物生态修复。

(3)耐干旱种类

原产于干旱气候条件下的植物种类往往有更长、发育更为完善的根区,因此,这些植物通常是用于植物生态修复的适宜种类。例如:草原的草种往往有较长的深根,在某些情况下可达3—5 m。这些草原草种已经成功地在植物生态修复中得以应用。但是其根结构的70%—80%是在地面以下1 m范围内,因此,1 m深度通常是植物生态修复最有效的区域。

(4)喜湿深根植物

喜湿深根植物往往具有很深的根系,通常条件下至少有部分根系持续与水接触。它们要么生活在干旱环境中,将根扎入地下水层中,要么生活在湿地和河床的边缘,直接挺立在水中。这些植物伸出长长的根系探寻水源,其根系长度可达10 m左右。杨树和柳树都是喜湿深根植物,这是它们能用于植物生态修复的一个重要原因,它们有很强的地下水净化能力。

(5)深根种植

突破根系深度限制的另外一个办法就是钻深坑或深壕,将植物种植在坑的底部,让根系扎到更深的地方。一些商业化的植物生态修复公司对这个细节已有标准化的操作规程。在种植的过程中,植物在坑壕中的定植深度可达5 m,典型的裸根植物或休眠的插条可扦插在坑中心。要确保这项技术获得成功,所选植物品种必须能够承受深根种植。采取深根种植技术的植物根系下扎的最大深度通常可达8 m。当地的土层条件最终决定了植物的根系能达到多深。

(6)纤维根区

当污染物靠近土壤表层而不在深层时,因为分散在土壤中的众多纤细、致密的根系的存在,具有纤维根区的植物品种比直根系品种更能与污染物密切接触。纤维根系可以为微生物的繁殖提供更大的表面积,使得污染物与和根系相关联的微生物之间进行密切的相互作用。所以,这些植物品种在修复土壤表面以下2 m范围内的污染时是首选。

(7)高生物质产量的植物

生长速度快、能产生大量生物量的植物经常用于植物生态修复。如果以降解为最终目标,快速生长的植物往往会在根区释放更多的糖类和分泌物,创造一个有利于降解的环境。如果以吸收为最终目标,与一般的植物相比,快速生长的植物会更快、更多地吸收和储存污染物。柳属、杨属、香根草属和十字花科的植物因为生物质产量显著而得以广泛应用。它们生长速度快,能产生较多的生物量,而且是耐旱种类,适合生长在多种气候条件下的严酷环境中。

(8)蒸腾效率高的植物

蒸腾效率高的植物与其他种类相比,能从土壤中转移更多的水分到大气中,因此能更好地捕获水中的污染物。当污染物在水体中移动时,蒸腾速率高的植物可以吸收更多的水分,因此大量种植这些植物可以阻止污染物在水体中迁移。但是,这些植物的生存需要大量的水,而且通常不耐干旱,在干旱期间需要进行补充灌溉。在遭受污染的地下水区域,蒸腾效率高的植物可以用在植物水力学机制中,以改变地下水的水位、流速和流向。

4.植物生态修复技术的种植类型

(1)拦截灌木墙

拦截灌木墙主要就是在地下水遭到污染的区域场地内种植单排树木扎入地下水层,通过植物根系的吸收分解,降解污染物,目的是通过较小的种植空间,在受污染的地下水汇入河道之前去除一部分污染物。拦截灌木墙的主要工作原理是植物根系降解、植物降解、植物挥发及植物新陈代谢。

拦截灌木墙在河道治理中主要用于郊区段的河道和城区河道空间较小的区域。通常,郊区河道两侧都是大面积的农田,农田的农药和化肥的大量应用都会随着降雨进入土壤下的地下水中,在农田下方形成径流流入河道中。农业生产污染营养元素常存在于农作物生长的土地内,通过水流的迁移影响临近的河道和水域。在河道护岸两侧种植拦截灌木,可以在污染元素流入地下水之前对其进行降解,减少地下水污染,也减少进入河道的农业面源污染。拦截灌木墙常常种植在河道护岸两侧,在农田和河道之间构建一条景观缓冲带来吸收净化地下水,同时降解污染物。这种类型的拦截灌木墙主要应用在空间较小的场地,由于空间小植物只能部分降解,但是在涵养水源上帮助很大。

(2)降解灌木丛

降解灌木丛是通过深根树种和灌木品种在土壤剖面中降解土壤污染区域的污染物。此种降解方式不需要收割植物就可以清除污染物。其主要工作原理是利用植物根系降解、植物降解、植物挥发及植物新陈代谢。降解灌木丛主要用于处理地表以下 3 m 深的土壤污染区域。植物在其根系区域、茎或叶片处将有机污染物分解成颗粒更小、污染性更弱的物质,通过光合作用和植物自身根茎降解挥发污染物,将其分解释放到空气中去。

降解灌木丛通常用于处理土壤中更加顽固难以降解的有机物,此类有机物仅凭自然衰减机制本身通常不易被降解。植物品种的选择可以影响污染物的降解效率,每种类型的植物品种释放出不同的根际分泌物,与之共生的微生物也会有所不同。一些根系分泌物甚至有与有机污染物相似的化学成分,因此,需要根据污染场地内发现的污染物来选择植物修复品种。当下渗到地表土壤深处的农药尚未迁移至地下水或河道中时,降解灌木丛可以有效地将这些污染物质清除。降解灌木丛还可通过刺激微生物,将污染元素氮挥发到空气中,从而化解深层土壤中大量的氮污染。此外,部分氮也可以被植物代谢消耗掉。

降解灌木丛(见图5.5-7)在河道治理中主要用于治理郊区段河道两岸的化肥和农药下渗到深层土壤中的有机物。植物可以通过与土壤微生物的结合,提高土壤中的氮污染转化率,将氮元素气化(变成氮气)。此外,植物还可以提取并利用氮元素,将它们纳入植物生物量中。作为植物生物量的一部分,污染物在其新的有机物形式下不再具有毒性和污染性,其中主要用到了植物的新陈代谢机制。

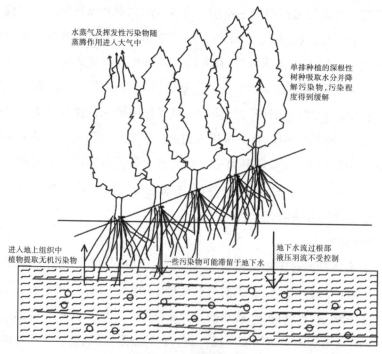

图5.5-7 降解灌木丛

（3）灌木绿篱和植物围栏

种植灌木绿篱和植物围栏能降解土壤中深度达 1 m 的污染物，可以在不收割植物的情况下清除污染物。其主要工作原理是利用植物根系降解、植物降解、植物挥发及植物新陈代谢。

（4）多重机制垫

多重机制垫是一种混合的草本植物种植类型，其中应用了多种植物生态修复技术机制。其目标是为多种污染物混合的大面积区域（场地）提供最大量的植物生态修复，多选用低矮的植物品种。主要工作原理：植物提取、植物新陈代谢、植物降解、植物稳定、植物挥发。主要用于修复治理 0—1.5 m 深的土壤层。多重机制垫以提取、降解和稳定等全部生物修复机制为思路进行设计，以创造一个低矮的、草本类草甸式的种植形式，达到植物生态修复的效果最大化。同时，使污染物暴露的风险减到最低。提取基质、降解覆盖和植物稳定垫等要素可组合起来在场地内创建一个多功能密集型种植的有效植被。在每个生长季节结束后，进行修剪并收割多重机制垫，以清除场地中尽可能多的污染物。

多重机制垫可应用在闲置土地上，如果城市土地保持空置，就可种植多重机制垫，将其作为一种维持策略，在场地等待未来使用的空当时做一些清理工作。这种种植类型适合于短期不开发的空置场地。仅靠一些最低水平的日常维护，多重机制垫就可以产生环境修复、植物群落营造和美学等方面的效益。

（5）多重植物机制缓冲区

多重植物机制缓冲区（见图 5.5-8）是混合种植应用多种类型植物的生态修复机制，其主要目的是以最小的经济投入达到植物生态修复技术的效益最大化，而无须收割植物。主要工作原理是通过植物稳定、植物根系降解和植物新陈代谢实现。这种修复类型的应用典型在河道或者湖泊的滨水缓冲区，选择乡土化的植物品种，搭建完善的植物生态群落来增加区域生态活力。缓冲区的设立不仅可以防止水和土壤中的污染物迁移泄漏，也可以治理城市工业区中的颗粒污染物，且在地下水的修复中也能起到一定的积极作用。

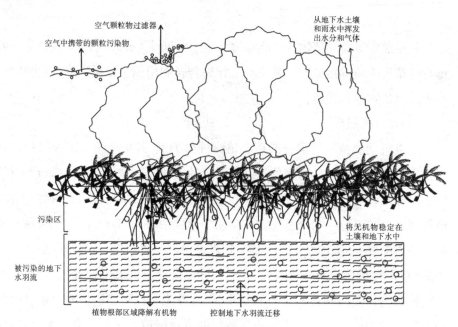

图5.5-8　多重植物机制缓冲区

(6)地表径流人工湿地

地表径流人工湿地(见图5.5-9)是把水导入一系列不同深度的植物沼泽和土壤中以清除降解污染物。这种修复类型的目标是在水流穿过净化系统时净化水体,使得一些有机污染物和氮能够被完全清除。主要工作原理是通过植物的根系过滤。

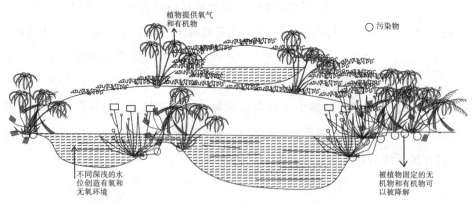

图5.5-9　地表径流人工湿地

　　地表径流人工湿地主要应用植物通过其根际、种植基质和开放水域来过滤水体,高度模拟了自然湿地生态系统。大多数处理过程并不发生在植物体内,而是发生于植物根际的生物菌膜内,以及水与种植基质的生物及化学环境中。在这些生态系统中,植物的修复作用支持了湿地中的微生物的生存和土壤优化。通常情况下,地表径流人工湿地的主要修复处理机制是通过厌氧细胞的反硝化过程,氮转变为气体形式而被清除。无机污染物被滤出水体并稳定和固着在土壤中或植物体内。污染物仍留在场地中,但水体已被净化。植物提取无机污染物通常不是直接目的,因为此类型需要收割植物才能清除污染。

　　对所有植物而言,每年氮和磷都会通过植物代谢作用进入植物体,形成生物量。如果植物每年都收割,植物生物量中的这部分氮和磷就可以从湿地中清除。

　　(7)漂浮湿地

　　漂浮湿地修复是在漂浮于水体中的结构体内种植植物,将污染物滤出水体。有机污染物可被有效降解,水中的氮素污染可被转换成气体并清除。无机污染物被稳定,并滞留在根区或漂浮结构体上,或被提取进入植物体内。可通过收割漂浮湿地植物来清除从水中提取的任何污染物。主要工作原理是通过根系过滤来净化污染水体。

　　漂浮湿地多被应用在城市河湖修复改造中,城市河湖被人类活动产生的污染物所污染,其水体中往往含有过量营养素和重金属。通过建造漂浮湿地,在水流经过时滤出多种污染物。漂浮湿地可以放置于水体表面,以清除目标污染物,同时注重结合景观设计的美观性,使其与景观环境相协调。

5.5.4 微生物修复

5.5.4.1 微生物修复的净化机制

　　微生物修复法实际上就是利用微生物代谢去降解有机物来达到处理污染水体的目的。通过人为地创造一个适合微生物生长和繁殖的环境,加入的微生物在这个适宜的环境中大量繁殖,污染水体中的微生物群落结构得到改善,微生物氧化分解有机物的效率得到有效提升。针对不同的污染物,微生物的净化机制也有所不同,主要包括以下3种:

　　降解有机物:微生物可通过降解作用将污水中一些复杂的有机物转化为简

单的无机物分子,从而达到降低其危害性的目的。这种方式对于尿素、氨基酸、蛋白质等含氮有机物的处理有极佳的效果,往往对城市生活污水比较有效。

代谢作用:污水中往往存在大量不能被微生物直接利用的有机污染物,但是其中部分可以作为代谢能源来维持微生物的生命活动。有研究发现一些放线菌和杆菌可从广泛存在于餐厅污水的脂肪中获取新陈代谢所需的能量,在研究结束时污水中的脂肪含量明显降低。此种代谢方式实际上也对污水起到了净化作用。

去毒素作用:微生物可通过改变污染物的分子结构,从而减弱其毒性。有研究发现部分微生物可以将无机磷酸盐拆分为无毒性的有机酸和二氧化碳,应用这些微生物可有效去除洗衣粉中的有毒磷元素。

5.5.4.2 当前常见的微生物处理污水技术

当前,较为常见的微生物技术应用于污水处理主要有以下4种:

1. 微生物吸附技术

此技术是利用某些微生物的化学结构特性,通过将微生物或者其分泌物与污水中的悬浮物质(如金属离子)结合在一起,形成一种活性生物吸附剂,最后再人为地进行固液分离,将微生物从悬浮物质中洗脱,以去除污水中的悬浮物质。此技术由于成本较低,目前大多应用于重金属污水的处理。

2. 微生物絮凝技术

某些微生物在生长和代谢过程中会产生一些具有絮凝功能的高分子有机物。这些高分子有机物可作为一种新型水处理剂,具有安全、高效、易生物降解等特性。微生物絮凝剂多数相对分子质量较大(104—106),分离纯化的微生物絮凝剂主要有多聚糖、糖蛋白、糖脂、脂蛋白、DNA、RNA、纤维素等,其中多聚糖和糖蛋白类物质占绝大多数。

3. 固定化微生物技术

通过保持微生物活性,将游离的微生物固定于特定的载体,在实际使用中可以使微生物浓度始终维持一个较高水平,从而达到反复利用的目的。常见的固定方式包括包埋法、交联法、自固定化法等,固定化微生物技术的优点在于对碳源需求量低,在净水中能维持较高的生物量,故在低C/N废水脱氮领域中具有巨大的应用潜力。

4.电极生物膜法

原理是有吸附生长特性的特定微生物在通电后,其表面会生成一层生物膜,将微生物固定在电极表面,在接通电流后,污水中的杂质由于受到生物膜的吸附而接触到电流,从而在电流作用下被降解为其他物质。此方法对氮磷等污染物有很好的去除效果,而且成本低廉,常用于城市污水的处理。此方法的缺点在于实际应用中对设备与技术的要求较高,同时电流对微生物的生长也会产生一定影响,需要较高的操作水平。

5.5.4.3 微生物净化修复技术在实际中的应用

1.净化修复施用的菌种与途径

目前,科研人员发现了许多可以用来高效净化水体的微生物,如反硝化细菌、枯草芽孢杆菌、假单胞菌、乳酸菌、光合细菌等。微生物强化技术主要采用的途径有向黑臭水体投加微生物菌剂、酶制剂及微生物促生剂,从而促进土著微生物的生长。微生物修复作为黑臭河道治理的重要和有效技术手段,其通过微生物对污染物的分解和代谢作用,恢复并构建水体生态系统,以达到长效稳定的净化效果。

2.微生物促生剂

微生物促生剂是促进微生物生长繁殖的营养配方或促生制剂。通过向水体或底泥中加入微生物促生剂,可以完善和改进水中土著微生物的营养条件,恢复微生物种群,促进微生物的生长,达到改善水体及底泥生境的目的,并降低污染物质量浓度和净化水体。吴光前等研制了一款能够将活菌固定在具有特殊结构生物带上的净水剂,并结合水体曝气复氧这项物理技术对黑臭水体进行净化修复的研究,上层水体 NH_3-N 降解率高达95%以上,COD降解率也达到70%以上,该活菌净水剂主要含有的有益功能菌为硝化细菌、杆菌、霉菌、放线菌等。上海水务部门采用水底曝氧和投放微生物菌剂这种物理和生物相结合的方法治理一条多年的黑臭河道,效果非常明显。汪红军等用生物复合酶所制成的净化剂对黑臭水体进行了净化修复试验,他们发现这种净化剂有着较为理想的净化率,并能够提高水体溶解氧的质量浓度,从而消除水体黑臭的现象。微生物促生剂易受到环境因素影响,在实际治理过程中通常与其他处理方法相结合,能够达到更好的净化效果。随着科学技术的进步,相信将会有更为高效经济的微生物促生剂应用于黑臭水体的净化修复。

3.生物膜技术

生物膜是指在载体材料上形成的特定微生物聚合物,其在自然环境中是丰富的并且广泛运用于污水处理和水净化领域。生物膜对水体中营养盐的迁移转化和污染物的消除具有重要影响,常用于低浓度污水或黑臭水体的净化和生态修复。

4.固定化微生物技术

固定化微生物技术指的是通过一定的理化手段,将分散或游离的微生物高度密集,不降低微生物的活性,令其能够连续和反复使用的一种技术方法。国内外具体工程实例表明,固定化微生物技术在中小江流湖泊黑臭水体治理方面具有净化效果好和便于管理的优点。曹德菊等采用固定化微生物技术,将枯草芽孢杆菌进行固定后处理含镉的黑臭水体,研究发现固定化枯草芽孢杆菌对镉的去除率在 24 小时后为 60.37%。何杰财利用乳酸菌、芽孢杆菌、酵母菌经过发酵工艺和微生物固定化技术制成一款固定化生物催化剂,并用这款催化剂在黑臭水体中进行了两个月的试验后发现,水体中各种污染物的降解率均呈现出了较为稳定的状态。在该阶段中,TN、TP、COD、NH_3-N 的平均降解率分别为 63%、56%、68%、64%,降解效果明显且高效。杨珊也将可降解黑臭水体污染物的菌株用小球固定后进行试验,结果表明不同菌株组合后降解效果之间差异明显。固定化微生物技术可以高效去除黑臭水体中难降解的有机污染物,并为微生物创造出一个适合其居住的环境,提高微生物的忍耐性。这项技术的应用为黑臭水体治理提供了一条新的技术路线,具有很好的应用前景与应用价值。

5.微生物—植物联合修复技术

微生物—植物联合修复技术是一项利用水生植物及其根系周围微生物群落的吸收、降解等作用机制,对水体环境污染物进行清除或减少的新兴水体净化修复技术。郭亮等利用光合细菌以及常见水生植物的联合作用,对富营养化水体的修复机理进行了研究。结果表明,光合细菌结合水生植物后,处理水体中可溶性磷的降解率高达 60% 以上。魏瑞霞等利用美人蕉、鸢尾等水生植物与氮循环菌的联合作用进行了富营养化水体的净化。研究表明在这种联合作用下,水体中 COD 降解率增高约 30%。微生物—植物联合修复技术具有造价低、能耗低、净化修复效果明显且对生态环境破坏小的特点,是环境修复的最佳途径。然而,植物对气候的依赖性强,所以植株死亡后应及时清理,避免对水体造成二次污染。

5.6 库区消落带植被修复与重建技术

5.6.1 消落带概述

5.6.1.1 消落带的含义

由于人为控制或自然降雨在时间尺度上的不均匀发生,江河湖泊水位会发生季节和时间性的波动,导致水体岸边的土地交替出现淹没和出露现象,其最高水位线与最低水位线之间的土地区域称为消落带,亦称消落区、消涨区、涨落带、河岸带、湖岸带等。

国际上1960年开始出现河岸带的概念,Lowrance认为河岸带是与水相邻的环境中的植物和其他有机物的复合体集合,是水生环境和山地间的过渡带。从Gregory开始,人们逐渐认识到河岸带属于一种生态系统类型。因此,借鉴河岸带的定义,刘宗群最早提出水位涨落带,把水位涨落带按其水文特征分为库水涨落带和地下水涨落带。库水涨落带就是人们通常所说的消落带。地下水涨落带是由于库水位的变化,地下水位剧烈升降影响的区域。黄京鸿提出了涨落带生态系统的概念,由其地貌形态、组成物质与土壤、地下水与地表水、气候与植被等要素组成,是库区水域与周边环境系统之间的过渡地带。由于库区水位周期性涨落的影响,涨落带成为库区生态系统中能量、物质输移和转化最为活跃的地带,具有一定的脆弱性。程瑞梅在总结其他学者的研究成果的基础上,提出以下综合定义:消落带是水陆生态系统交错区域,具有水域和陆地双重属性,是长期或者阶段性的水位涨落导致其反复淹没和出露的带状区域,长期为水分梯度所控制的自然综合体,是特殊的季节性湿地生态系统。

5.6.1.2 消落带的分类

消落带根据引起水位涨落的方式不同分为自然消落带与人工消落带。自然消落带植物群落往往是由淹水适应性良好的草本、灌木、落叶林以及针叶林等种类组成,明显区别于附近的陆地生态系统。人工消落带是由于人为干扰,水位不定期地涨落波动,致使消落带生态系统和功能紊乱,从而形成的一种退化生态类型。

5.6.1.3 消落带的功能

消落带作为陆地生态系统和水域生态系统之间的过渡区域,是周围泥沙、有机物、化肥和农药等污染物进入水域的最后一道生态屏障,对水陆生态系统起着廊道、过滤器、屏障等作用,在维持生态系统生产力及保持生态系统动态平衡等方面具有重要功能。

1.生态功能

消落带的生态功能主要包括水文功能、生态功能和生物地球化学循环功能3个方面。水文功能体现在蓄水、水体净化、调节径流、减少侵蚀、补给地下水及沉积物截留与转移等方面,以及对养分循环和非点源性污染的缓冲和过滤作用。生态功能指消落带生态系统在维持生物多样性、调节区域气候、缓减生态环境压力等方面重要的生物廊道功能。生物地球化学循环功能主要表现在整个生态系统中化学物质的相互储存和转移,对于维持与相邻水陆生态系统的交流起着不可替代的作用。

2.经济功能

消落带支持着水陆生态系统,从经济上具体评价消落带的价值比较困难。消落带丰富的土地、生物以及景观资源为人类提供诸如轻工业原料、药用植物及渔业副产品等。此外,随着季节性水位的升降规律,通过种植、养殖、水产等开发利用消落带,不但解决了消落带突出的人地矛盾,对地方经济发展也有很大的促进作用。

3.社会功能

消落带具有自然观光、旅游等方面的功能和景观价值,利用其线性的自然结构,将自然资源与景观设计相结合,能够提高景观效果。另外,消落带在调节气候和美化环境方面具有重要的社会功能,而且其特殊的生态特性、生物多样性和特有的濒危物种等为教育和科研工作提供了丰富的资源。

5.6.1.4 消落带生态系统存在的问题

消落带具有明显的环境因子、生态过程和植物群落梯度等特征,呈现出一定的脆弱性、边缘性与过渡性,容易发生水土流失、泥沙淤积、土壤水陆交叉污染、物种多样性减少以及生态系统退化等生态问题,且各种生态环境问题表现出隐蔽性、潜伏性、传递性、长期性、积累性、整体性。目前,消落带生态系统存在以下几方面的问题：

水环境污染严重。消落带作为水域与陆地环境过渡地带，存在岸边污染带问题和水陆交叉污染问题。一方面，大坝建成后河水流速自然减慢，库区内水体的自净能力减弱，水库上游及周边排放的工业、生活污染物滞留库岸形成了岸边污染带，也是水体富营养化污染的聚集带。另一方面，消落带是生态系统中物质、能量的输送和转化的活跃地带，其周边土壤侵蚀产生的泥沙及其携带的污染物、库区两岸生产和生活垃圾以及消落带自身土地利用而产生的面源污染物，都会淤积沉淀在消落带内。

水土流失、泥沙淤积加重。例如三峡库区坡度大于25°的坡耕地占到耕地总面积的17.6%，占旱地的25%，其土地多为中度和强度侵蚀。土壤以紫色土和石灰土为主，有机质含量少，水稳定性不好。据统计，三峡库区水土流失面积占土地总面积的62%，年土壤侵蚀量有1.37亿吨。三峡水库蓄水运行后，在干流及各次级河流的回水变动段不同程度出现泥沙淤积、河床抬高等情况。

土壤环境问题严峻。消落带土壤环境是其土地利用、适生植物筛选和生态重建的基础。消落带土壤水分的变化不但会引发水土流失、泥沙淤积问题，也会对消落带土壤的宏观及微观环境产生很大影响。主要包括对适生植物的生理生态，土壤重金属的分布特征与污染机制，消落带土壤对氮、磷等元素的吸附与释放，受水位涨落后消落带土壤理化性质的变化以及对其土壤种子库的影响等方面。

环境地质灾害加剧。消落带水位的周期性涨落可能诱发库岸出现滑坡、危岩崩塌和泥石流等地质灾害，同时，降水和水位周期性涨落的水动力作用也使得消落带坡面上的植被和土壤结构遭到进一步的破坏。

生物多样性及生态系统受损。消落带水位涨落逆反自然洪枯规律、成陆期炎热潮湿，暴雨多并常有伏旱，导致许多原有陆生动植物难以适应生境而消亡、迁移或变异，造成生物种类大量减少、生态系统结构和功能简单化、生态系统稳定性降低以及脆弱性增加。

流行病疫情的诱发。消落带形成的岸边污染带、环境污染加重以及生物物种变异等会导致有害物种或病原体沿消落区迁移，危害人畜健康和水生生物生长。被淹没区淤积的污染物不易扩散，尤其是在高温、高湿的夏季，容易滋生各种相关的病原体和致病菌,诱发流行疾病。

库区生态景观破坏。成库蓄水,部分自然景观、人文景观被淹没。同时,消落区成陆期植被稀少、基岩大量裸露,局部淤泥、沼泽化,漂浮物大量淤落。消落带似"荒漠化"或"垃圾带"景观,极大地影响了原有的景观格局,给库区旅游资源的开发和利用带来新的挑战。

5.6.2 消落带植被恢复

5.6.2.1 植被恢复重建模式

植被耐淹、耐湿等生理特性差异造成其对水位变动的适应性不同,因此有必要根据植被生理学特性提出适宜水位变动要求的梯级恢复重建模式。另外,考虑到植被生长基质的不稳定性、易受干扰等特点,研究者还提出土壤基质加固型。考虑到水位频繁和大幅度波动容易破坏库区边缘植被,黄川等建议采用以植被工程为主、土石工程为辅的治理模式,在环库土质库岸地段营造人工的、湿生的、固土能力强的草丛、灌丛和森林等,建立立体防护林带。为削弱水位变动对植被恢复重建的影响,重庆开州区开展了"水位调节坝库区生态工程建设",在减缓水位变动的前提下,在174.5 m高程以上建设生态防护林,168.6—175 m高程范围内构建湿地和多塘系统。根据水位调度进行梯级植被重建是目前三峡库区消落带生态环境治理的核心思路。基于水位变动进行梯级植被重建划分设计是原则,植被生境创造与改善是保障。土壤基质加固型的设计出发点为:减轻水流侵蚀,提供稳定、可靠的植被恢复重建基础。三峡大学为恢复消落带生境,研制或研发出防冲刷生态型护坡构件、防浪消能高渗透性生态混凝土构件,以及研究植被混凝土护坡绿化技术。在生境构筑上,研究人员在清江隔河岩水库消落带采用了构筑燕窝植生穴、铺砌防冲刷生态型护坡构件以及运用防冲刷基材生态护坡等技术。总体来看,土壤基质加固型重建模式实践经验不多,混凝土构件的经济适用性、技术可靠性和生态环境可承受性仍需工程检验。

5.6.2.2 植被筛选

植物是生态系统的生产者,为整个系统提供物质能量来源,是系统稳定的基础。植树种草,增加植被覆盖是非常有效地优化消落带生态环境的一种方式。如果能够充分利用植物功能,构建合理的生态屏障,对消落带的环境优化将起到积极的作用。筛选适宜在消落带生长的物种是植被恢复和重建的基础。根据三峡库区消落带水位运行节律、生境特点及其功能,进行适宜三峡库区消落带植被恢复与重建的物种筛选时,应该综合考虑以下因素:①以选择水陆两栖生长的乡土物种为主,生长节律与库区未来水分节律尽量一致;②具有良好的耐淹性能,露出水面后能快速且茂盛地返青,恢复生长能力;③具有发达的根系,固土保土效果好;④植物截污和富集污染物的能力强,能有效地拦截岸坡流向库区的有害化学物质和吸附水体氮、磷及其他物质;⑤植被景观效果好,耐贫瘠、耐粗放管理,抗病虫害和抗旱能力强。

已有许多研究者对三峡库区消落带植被的群落结构和耐淹性进行了大量调查研究,开展了消落带适生植物的筛选,并通过大量淹水模拟试验对植物的耐淹耐旱程度进行了测试。初步研究成果表明:池杉、落羽杉、水松、枫杨、秋华柳、南川柳、地果、银合欢、水紫树、桑树、疏花水柏枝、枸杞等木本植物,狗牙根、牛鞭草、喜旱莲子草、香附子、芦苇、藨草、双穗雀稗、羊茅、香根草、铺地黍、菖蒲、水蓼等草本植物能耐一定程度水淹,可以考虑将其列为消落带植被恢复物种。

5.6.3 典型人工消落带

5.6.3.1 三峡库区消落带

三峡库区消落带(见图5.6-1)是我国江河湖泊最典型的人工消落带。它是由于三峡工程运行的需要而调节水位消涨,在水库四周和河道两岸所形成的涨水期间最高水位线与枯水期间最低水位线之间的水面消落区域。三峡水库建成完工后,根据"蓄清排浊"的运行方案,为了满足既有利于航运又不至于在6月份消落库水位时泄水量过大而影响防洪及产生弃水的要求,同时考虑库岸稳定对库水位下降速率的要求,规定每年5月25日库水位要消落至枯水期消落低水位。三峡水库从5月25日开始到6月10日,库水位由155 m降至防洪限制水位145 m。7月、8月维持防洪限制水位运行。9月底水位蓄至162—165 m,一般来水情况下,10月底可蓄175 m。水库蓄水至175 m后的11月至12月,库水位一般维持在高水位运行。1月至5月,水库运行主要考虑发电与航运、水资源的要求,尽可能维持高水位运行。在一般来水年份,4月底库水位不低于枯水期消落低水位155 m和实施应急调度的规则。其中,如遇枯水年份,主要指来水比设计枯水年还要小的特枯年份,当防汛抗旱部门要实施水资源应急调度时,可动用155 m以下库容。这样的运行方案,一年内在三峡库区就形成垂直落差达30 m的水库消落带。由于人为调节,三峡库区水位的变化与自然情况下的水位变化呈相反状态,即由原来的冬枯夏洪到现在的冬洪夏枯的现象,库区消落带的生态环境与建库前形成极大反差。

图5.6-1 三峡库区万州段消落带(汛期)

5.6.3.2 消落带特点

三峡库区现在形成的消落带与三峡大坝工程未修建前的自然消落带相比,具有以下特点:①非生长季节淹水,水库调度方案为"蓄清排浊"型,也就是冬季蓄水夏季泄洪。相对于自然消落带的水位变动节律,这种调度方案导致的水位变化属于反季节淹水;②淹水时间长,水库调蓄后,淹水时间相较于自然消落带淹水时间增加;③淹没深度大,淹水深度最大可达30 m。此外,三峡水库运行后,库区消落带还具有以下特点:①库区消落带处于巴蜀文化核心圈内,具有重要的人文和景观价值,但消落带的形成影响库区景观;②库区消落带人地矛盾突出,土地无序利用,入库污染负荷增加。③岸坡再造加剧影响消落带稳定,水土流失与土壤侵蚀威胁库区安全。

5.6.3.3 消落带植被水生态功能

1.消落带植物的水淹耐受机理

对自然消落带和水库消落带的研究均表明:淹水开始日期、淹水持续时间、淹水强度、出露开始日期、出露持续时间以及生长季是否有频繁短期淹水胁迫等水位波动节律,对物种适应性、群落生物多样性水平均有至关重要的影响。事实上,物种的耐淹能力及机制与淹水季节有密切关系。目前,国际上有关生长季淹水的耐受机理研究非常深入,这主要是因为在全球范围内,大部分河流的自然消落带生态系统,以及农田生态系统基本都受到生长季淹水胁迫的威胁。

对生长季淹水有很强耐受力的物种一般采用"逃避"或"忍耐"两种策略。采取"逃避"策略的物种剧烈消耗其碳水化合物储备,增强茎伸长以使部分茎叶露出水面,是一种忍耐长期浅淹的策略;采取"忍耐"策略的物种减低其新陈代谢速率,减缓碳水化合物的消耗,以期度过淹水周期,是一种忍耐短期深淹的策略。

与此相反,有关非生长季淹水的耐受机制研究还不多,主要是在北欧和英国的寒性湿地、北美寒性湿地、南美的亚马孙流域某些区域、地中海部分区域以及部分人造水库有非生长季淹水现象。在国内,三峡库区已有的物种筛选试验研究表明,在重庆消落带的某些植物种,如南川柳(*Salix rosthornii*),在较长时间的冬季淹水后盖度增加,但短期夏季淹水后盖度却明显降低,说明不同季节的淹水胁迫导致某些物种的生长响应不一致。这是因为:相对于非生长季淹水,某些植物对生长季淹水的敏感度要高得多,生长季较高温度下植物新陈代谢速率较高,对氧的需求更大,而完全淹水胁迫的主要特征之一是水中氧气浓度及其扩散速率极低,因此耐受非生长季淹水的植物可能采取的是"忍耐"策略。但也有研究表明,冬季深淹的植物活性氧清除能力增强,说明增强活性氧清除机制也可能是关键策略。另外,与水体氧气浓度以及植物的季节适应性相比,水体温度才是植物响应冬天水淹的关键因素。较低的水体温度能够提高植物的耐水淹能力,原因可能是低温减缓了植物的新陈代谢速率。但"水温"假说需要在具体环境下进行验证,比如,三峡库区消落带处于亚热带,其冬季水体温度并不低,并且某些植物能耐冬季淹水,而另外一些植物不能耐受,与水温因子明显无关。不同海拔的消落带植物也要面对不同淹水深度的胁迫。

根据淹水的深度,淹水胁迫可以分为水浸(土壤水淹但植株地上部分与空气接触)、浅淹没(植株大部分或全部浸于水中,顶部距离水面不远)以及深淹没(植株整体位于水中,顶部距离水面较远,难以生长到水面以上)。淹水深度以及持续时间长短在很大程度上影响着受胁迫植物能否维持对根部的供氧,以及能否在胁迫期间通过光合作用提供碳水化合物。耐淹植物对此产生一系列性状变化和响应,以达到逃避或者忍耐水淹胁迫的效果。生长季短暂、频繁的淹水胁迫也会对消落带植物的生长产生重要影响。短暂、频繁的淹水胁迫中土壤和植物体氧含量大幅变化,在从低氧和无氧条件向有氧条件过渡的情况下,植物体内会出现活性氧爆发,而水淹期间保持存活的植物有可能无法在活性氧爆发中存活下来。

综合分析,植物水淹耐受机理、消落带物种的水淹耐受性与自然水位变动节律以及水库调水节律紧密相关。因此,与三峡库区消落带相关的模拟淹水试验应以水库实际调度运行为基础,设计淹水开始时间、淹水周期和淹水深度等试验参数。

2.三峡库区植物群落多样性

三峡工程运行后,消落带原有物种的生境条件被彻底打破,周期性的淹水—落干—淹水的干湿交替模式使得原有植被群落的结构和功能处于剧烈波动的退化阶段,受周期性、反季节、高强度水淹影响,植物多样性明显下降。一般认为,植物对渐变的环境,可以通过自身的形态变异或生理过程调节来增加其与环境的适合度,但这种"变异"和"调节"需经历一个渐变过程。

三峡水库建设初期,王勇等曾对三峡库区自然消落区植物区系进行研究,表明消落区分布有维管植物83科240属405种。但2009年对蓄水后水库消落区植物区系的调查表明,维管植物只有61科169属231种,其中科、属、种分别减少了26.51%、29.58%和42.96%,优势生活型由多年生草本转变为一年生草本,植物群落结构也比较脆弱。同样,白宝伟等,王强等对三峡水库消落带植物群落格局及多样性进行研究表明:较三峡大坝建设前,消落带植物物种数减少,单属单种现象明显,群落组成简单化,表明在水库的30 m水位波动和"半年水淹—半年干旱"的模式产生的极其剧烈的干扰下,只有少数物种能够适应消落带这一新生生态系统。其原因可能是陆生植物缺乏适应这种骤然、长期深水淹没生境的机体结构和功能;水淹干扰后的土壤水分状况及土壤供氧状况以及水库水位的高低、涨落、变动频率、持续时间、发生时间等特征,也可能在一定程度上影响植物群落的种类组成及空间分布,进而成为植物定居、生长和繁殖的限制性因子。

另外,通过对经历短期和长期水位涨落周年后的物种特性进行整理和比较发现,随水淹年限及海拔梯度增加,消落带植物自身在其结构和生理等方面产生了一系列适应性,不同海拔梯度均出现不同于其他海拔梯度的"新"植物。当然这并非植物与环境长期协同进化意义上的"新种",其可能来自邻近区域,更可能是在经历水库水位涨落前以种子库的形式在消落带存在的植物种。消落带是水位反复周期变化的干湿交替区,周期性的反季节淹水环境形成了大量次生裸地,消落带植物在该环境下生长繁衍,其植物群落的结构特征沿环境梯度存在一定的变化规律,而海拔被认为是影响植物群落多样性分布格局的重要因素之一,不同海拔梯度植物由于受水淹胁迫程度不同,其植被分布自低海拔向高海拔也发生了很大的变化。

众多研究表明,物种多样性随着海拔梯度的变化有多种形式。其中普遍认为二者呈负相关关系,即随着海拔高度的增加物种多样性降低。另一种形式是"中间高度膨胀",即随着海拔高度的增加,物种多样性呈先增加、后减少的趋势。郭燕等人研究表明:受三峡库区水位波动的影响,消落带植被的物种多样性指数均在低海拔区段(145—155 m)达到最低值;经历长期水位涨落周年后,随海拔的增加,库区消落带草本植被的丰富度指数 S、Shannon-Weiner 指数 H、均匀度指数 E、Simpson 指数均表现为先升后降的趋势,即物种多样性在中海拔区段(155—165 m)达到最高。推测其原因是水库消落带高海拔区段所受水淹胁迫较小,物种定居较易,导致某些物种数量较多,其中狗尾草、毛马唐、苍耳群落的优势度较为明显,其他植物群落多处于从属地位。水库消落区中海拔区段各植物群落相比上部差距缩小,部分竞争种选择退避(如铁苋菜、附地菜、匍茎通泉草和叶下珠等),而另一部分耐水淹胁迫种竞争力上升(如狗牙根、香附子、水田稗等)。这就造成了水库消落区中部植物群落结构相比上部和下部都更为复杂,共优群落相比单优群落在竞争中更具有优势,所以群落稳定性更强、物种多样性更高,其中物种狗尾草和狗牙根成为主要优势种。水库消落带低海拔区段则由于所受水淹胁迫最强,出露时间最短,仅有少数几种耐水淹胁迫种可以形成稳定群落(如狗牙根等),植物群落结构趋于单一化。这说明随水淹年限增加,消落带物种的多样性受各海拔梯度的环境资源结构的影响显著。

Grime 提出了植物适应对策的 C-R-S 对策模型。其中,C-对策种生存于资源一直处于丰富的生境中,竞争力强,称为竞争种;R-对策种适应于临时性资源丰富的环境;S-对策种生存于资源较为贫瘠的生境,抗逆性强,称为耐胁迫种。一般认为先锋种多为R-对策种,演替中期多为C-对策种,而顶级群落中多为S-对策种。经过多次水位涨落后成为消落带优势种的生活史对策大多具有R对策种群特征。毛马唐、狗尾草、苍耳等优势种多属于田间和坡地常见的一年生草本。毛马唐多见于路旁、田野,喜湿、喜光,种子耐受水淹的能力较强;狗尾草多生于林边、山坡、路边和荒芜的园地及荒野,对干燥生境有较强的适应能力;苍耳喜温暖稍湿润气候,耐干旱瘠薄,且具钩状的硬刺,常贴附于家畜和人体上,种子易于散布。这些物种多以短的生命周期、高的相对生长率和高的种子产量为特征,能够适应生境的强烈干扰并将大部分有限生境资源分配给种子,属于"杂草策略"。狗牙根、香附子等优势种则属于多年生草本。狗牙根多生长于村庄附近、道旁河岸、荒地山坡,根系发达,具有能够克隆繁殖的匍匐状地下根茎,其侵占性、再生性及抗恶劣环境能力极强;香附子多生于荒地、路边、沟边或田间向阳处,以块茎和种子繁殖,耐胁迫能力较强。这些物种多采用以防御和减轻恶劣环境胁迫为特征的"胁迫忍耐策略"。

　　对经历长期水位涨落周年后的物种特性进行总结可知,消落带物种能够适应其周期性、反季节、高强度的水淹条件与自身生长繁殖策略密切有关,特征为:多以大量细小种子繁殖或以耐无氧呼吸的茎段进行营养繁殖,能利用退水后的有限出露时间(夏季和秋季)来完成其生活史,然后次年依靠临近种源或者土壤种子库开始新的生命周期。这在一定程度上可以很好地解释消落带物种的耐胁迫机制。各个生态因子是综合对植物产生影响的,植物对这些因子产生选择,在生理、结构、形态上发生相应变化,其对外界环境的外部形态表现形式即生活型。生活型的差别可以一定程度反映群落生境条件的改变,尤其是小生境、小气候的变化。海拔梯度的变化综合了温度、湿度和光照等多种环境因子,因此,在一定程度上能够显著地影响植物种群的空间分布格局。王晓荣等对三峡库区秭归段消落带水淹初期植物群落进行研究,发现初次淹水后消落带优势生活型为多年生草本植物,其物种组成中一年生草本占20.45%,多年生草本占36.36%,灌木或藤本占28.18%,乔木占15.00%。不同海拔区段消落带植物优势生活型为一年生草本植物,占统计植物种的34.1%,多年生草本占22.0%,灌木或藤本占2.2%,乔木占6.6%。由此可见,周期性的淹水环境使得群落结构简单化,不利于消落带生态系统的稳定性。低海拔区段仅发现4种生活型,但随海拔梯度的增加,库区植物的生活型更加多样化,其他生活型如藤本、灌木以及落叶乔木逐渐出现且表现为逐渐增多。至2016年,秭归段消落带各海拔区域共出现9种生活型。其中,海拔145—155 m区段生活型4种;海拔155—165 m区段生活型4种;海拔165—175 m区段8种。植物生活型是不同植物对相同生境趋同适应的外在表现,植物生活型适应于水陆生境变化的策略决定了植物群落的物种组成和替代变化趋势,同时也是消落带植物群落在水陆生境变化下演替的基础。

因此,在三峡水库周期性水位涨落的影响下,草本植物(包括一年生和多年生植物)生活型取代乔木、灌木和藤本及其他生活型是三峡库区消落带植物生活型组成变化的必然趋势。

第六章 | 长江上游饮用水水源地安全保障管理措施体系

保障长江上游饮用水水源地安全,不仅直接关系到该区域范围内的生产生活用水安全,也会对中下游区域的用水安全产生影响。本章重点介绍长江上游的管理与监管机构组成、饮用水水源地保护区划分、生态保护与生态补偿以及应急管理。

6.1 管理与监管机构

根据《中华人民共和国水法》第十二条,国家对水资源实行流域管理与行政区域管理相结合的管理体制。国务院水行政主管部门负责全国水资源的统一管理和监督工作。国务院水行政主管部门在国家确定的重要江河、湖泊设立的流域管理机构(以下简称流域管理机构),在所管辖的范围内行使法律、行政法规规定的和国务院水行政主管部门授予的水资源管理和监督职责。县级以上地方人民政府水行政主管部门按照规定的权限,负责本行政区域内水资源的统一管理和监督工作。因此,长江上游由流域管理机构和各级水行政主管部门共同管理。

6.1.1 流域管理机构

长江流域的水行政管理流域机构是水利部长江水利委员会(以下简称长江委)。它是中华人民共和国水利部派出的流域管理机构,按照法律法规和水利部授权,在长江流域和西南诸河范围内,行使水资源管理、水资源保护、水土保持、采砂管理、河湖管控、行政许可服务与监督执法等水行政管理职能。具体的水资源保护工作由长江水利委员会的下设机构水资源节约与保护局开展,包括如下内容:

组织编制流域水资源保护规划,组织拟订跨省(自治区、直辖市)江河湖泊的水功能区划并监督实施,核定水域纳污能力,提出限制排污总量意见,负责授权范围内入河排污口设置的审查许可,负责省界水体、重要水功能区和重要入河排污口的水质状况监测,指导协调流域饮用水水源保护、地下水开发利用和保护工作,指导流域内地方节约用水和节水型社会建设有关工作。

6.1.2 各级政府水行政管理主管部门

各级政府水行政管理主管部门一般是指省(自治区、直辖市)水利厅(局)、市(区、县)水利局或水务局,主要职责是:①贯彻执行国家有关水行政管理工作的方针、政策和法律、法规,起草有关地方性法规和规章。②保障水资源的合理开发利用、湖泊调度管理、编制行政辖区范围内重要江河湖泊的流域综合规划、防洪规划等重大水利规划;③负责生活、生产经营和生态环境用水的统筹兼顾和保障;④负责水资源保护工作,包括组织编制水资源保护和水源地保护规划,指导饮用水水源保护工作,指导地下水开发利用和地下水资源管理保护,组织指导地下水超采区综合治理,参与编制水功能区划工作;⑤负责节约用水工作;⑥负责水文工作;⑦指导水利设施、水域及其岸线的管理、保护与综合利用,指导全省重要江河、湖泊、水库、滩涂的治理和开发,指导水利工程建设与运行管理,组织实施具有控制性或跨市(州)及跨流域的重要水利工程建设与运行管理,负责河道采砂的统一监督管理工作;⑧负责防治水土流失;⑨指导农村水利工作;⑩负责重大涉水违法事件的查处,协调、仲裁跨市(州)水事纠纷,指导水政监察和水行政执法;⑪贯彻执行国家有关河湖保护、治理、管理工作的方针政策和法律法规;负责组织制定全省河湖治理保护规划,落实"一河一策、综合施策、多方共治"。⑫承担省河长制办公室的具体工作。指导河湖水系连通工作。

6.2 饮用水水源地保护区

6.2.1 保护区划分历程

最早的饮用水水源地的保护工作依据是1989年由国家环境保护局、卫生部、建设部、水利部和地质矿产部联合发布的《饮用水水源保护区污染防治管理规定》。2007年,当时的环境保护总局发布《饮用水水源保护区划分技术规范》(HJ/

T 338—2007）。根据该规范,长江上游105个水源地进行了一级保护区和二级保护区的划分。

受当时的技术经验和社会经济发展水平的影响,2007年版技术规范划定的一级保护区和二级保护区的范围差异较大,对污染物的限定不够明确,陆域和水域确定方法模糊,在实际运行管理中易产生争议。因此,2018年,当时的生态环境部针对首次发布的规范进行了修订,对饮用水水源地环境状况调查技术要求、保护区划分技术步骤要求、基本方法、相关图件制作的技术要求不明确的内容进行了补充,对保护区界定和报告编制的技术要求进行了完善。

《饮用水水源保护区划分技术规范》（HJ/T 338—2018）规定所有水源地应包括一级保护区和二级保护区。两个级别保护区均含水域范围和陆域范围。其中,一级保护区的水域保护范围,取水口上游不小于1000 m,下游不小于100 m;陆域沿岸保护范围不低于对应水域长度,陆域沿岸纵深与一级保护区水域边界距离不小于50 m,但不超过流域分水岭范围。有防洪堤坝的,可以防洪堤坝为边界;同时,陆域范围应为闭合保护状态,防止污染物进入保护区。二级保护区水域范围沿一级保护区的上游边界向上游（包括汇入的上游支流）延伸不小于2000 m,下游侧的外边界距一级保护区边界不小于200 m。二级保护区陆域沿岸长度不小于对应水域长度,沿岸纵深范围不小于1000 m,但不超过分水岭范围。流域面积小于100 km² 的流域,二级保护区可以是整个流域范围,也可以根据当地实际情况确定。

6.2.2 保护区标识标牌

根据《中华人民共和国水污染防治法》第六十三条规定,有关地方人民政府应当在饮用水水源保护区的边界设立明确的地理界标和明显的警示标志。2008年,环境保护部发布的国家环境保护标准《饮用水水源保护区标志技术要求》（HJ/T 433—2008）沿用至今,其目的是防治污染,保护和改善生态环境,保障人体健康。

水源地各类标志标牌由国家环境保护行政主管部门统一监制,各级地方政府或其环境保护行政主管部门负责管理和维护。其中,饮用水水源保护区标志是指图形符号、文字和颜色等,用于向相关人群传递饮用水水源保护区的有关规定和信息,以保护饮用水水源地。饮用水水源地保护区图形标志是指《饮用水水源保护区标志技术要求》(HJ/T 433—2008)推荐在全国统一使用的饮用水水源保护区标志性图形符号。

整体上,饮用水水源保护区标志包括三种类型:饮用水水源保护区界标、饮用水水源保护区交通警示牌和饮用水水源保护区宣传牌。各类标志标牌设置要求如下:

界标标志设置在饮用水水源保护区的地理边界。主要作用是标识饮用水水源保护区的范围,并警示人们在保护区范围内需谨慎行为。

交通警示牌用于警示车辆、船舶或行人进入饮用水水源保护区道路或航道,需谨慎驾驶或谨慎行为。饮用水水源保护区交通警示牌又分为饮用水水源保护区道路警示牌和饮用水水源保护区航道警示牌。

饮用水水源保护区宣传牌是为保护当地饮用水水源,对过往人群进行宣传教育所设立的标志。

此外,《饮用水水源保护区标志技术要求》(HJ/T 433—2008)还对各类标志牌的内容、构造形式和设立位置进行了明确,以统一各地的水源地保护工作。

6.3 生态保护与生态补偿

6.3.1 生态保护

饮用水水源地应受到保护并满足绿色发展要求。对于水库容易产生的内源污染问题,可以在水库内部设置扬水曝气器,缓解水库内源污染。对于河道保护,应该具有针对性,例如在河道两侧敏感带中,设置植被保护带缓解河道压力。对于河道水流流态容易发生变化的问题,则可以采用组合模拟的方式,进行水流形态变化模拟,得出控制效果,进而为后续的治理提供借鉴。

环境保护监测单位应用生态环境理念,调整水源地周边的农田种植,对农业生态、有机的种植方式进行大力推广,将化肥农药喷洒的新技术,合理地使用在农田种植上,以便从源头遏制水源的污染。同时在水源地环境保护中,推行建设生态湿地、实施退耕还林政策,有效地发挥树木、草地、植被的生态功能,为水源地周围建造一个合理的、科学的生态环境。

治理水源地污染,改善保护区水质,必须控制污染物总量,高度重视对工业污染源、生活污染源以及农村面源的治理工作。现阶段的技术力量和要求不符,应实施停、转、关、并、迁。湖库型水源地总磷、总氮超标的主要影响因素来源于面源污染,可减少农药化肥施用量,依靠技术进步提高效率,加大规模化畜禽养殖监管力度,同时做好水源保护区内的水土保持以及生态保护工作。在控制、治理农业面源和工业污染源的过程中,必须注重治理城镇化过程中的城市生活污染源。其基本措施包括积极建设城市垃圾处理站、集中式生活污水处理厂,以最大化控制饮用水水源水质受生活污染源的影响。

6.3.2 生态补偿

饮用水水源地生态补偿是以保护和可持续利用水源地的生态系统服务为目的,以经济手段为主,对相关者利益关系进行调节,促进补偿活动、调动生态保护积极性的各种规则、激励和协调的制度安排。

生态补偿机制则是为保护生态环境,以确保人和自然和谐发展为目标,立足于生态保护成本、生态系统服务价值以及发展机会成本,对行政和市场手段进行综合运用。对于区域性生态环境保护及环境污染防治而言,调整生态环境保护与建设各方利益关系及有关政策尤为必要,在发挥激励性功效的同时,坚持"污染者付费"的原则,制定"受益者付费和破坏者付费"经济政策。

6.3.2.1 构建饮用水水源保护区生态补偿机制

实施生态补偿应坚持"节水优先、空间均衡、系统治理、两手发力"的新时期水利工作方针,以保护和改善生态环境质量及保障饮用水安全为根本出发点;以水源地可持续发展、促进人与自然和谐发展为目的;以落实生态环境保护责任、厘清相关各方利益关系为核心,着力建立和完善水生态补偿标准体系,探索解决水库水源地水生态补偿关键问题的方法和途径,充分发挥政府指导和市场作用,不断完善转移支付制度,研究建立多元化生态保护补偿机制,逐步扩大补偿范围,合理提高补偿标准,有效调动全社会参与生态环境保护的积极性,促进生态文明建设迈上新台阶。

具体可从以下几方面开展相关工作。

1.支持公益性资金投入

由于我国社会主义市场经济的快速发展,我国的社会公益性捐赠数额与规模也在不断增加。在研究饮用水水源保护区的生态补偿机制过程中,政府可以对社会性的公益组织提出建议和进行引导,使这部分公益资金能够流入生态补偿的范围内,让生态建设项目和捐赠资金形成双向连接。如此一来,水源保护的直接受益人也能是捐赠组织或个人,政府还可对该种行为进行鼓励与支持,以拓宽资金来源渠道。

2.征收水资源费用

水资源的受益对象一般比较清晰明了,所以对受水地区而言,应该将水资源的供水价格进行明确标注,并把供水收入纳入补偿基金。在实际使用过程中,根据居民的每日用水量来收取相应的水资源费用,如此就达到了"受益者进行补偿"的原则,使得水资源被合理利用。目前,部分供水企业也在努力对饮用水水源保护区的生态环境保护做出贡献,在企业内部进行改革优化,可以向该部分供水企业减收一部分水资源费用。

3.推出优惠信贷

为生态补偿推出优惠信贷,这种方式非常关键,这部分内容需要由政府给银行等金融机构提供相应的政策保障,或是政府直接将该部分饮水保护区的政策作为资金扶持政策,可以为水资源保护区提供无息或低息贷款,从而实现水资源保护区的可持续发展。此外,为了符合我国的可持续发展战略,在开展优惠信贷过程中,一方面可以促使借贷人将借贷资金用在更加有效的方面,另一方面也能对生态保护的行为做出一种正确的导向。这类方式比单一进行经济补偿更有效率。

6.3.2.2 落实水环境生态补偿标准框架

1.确定补偿主体与客体

水环境生态补偿的主体与客体是基于生态保护过程中相关单位、企业、个体等之间的利益关系以及各自承担的责任来确定的。一般情况下,生态补偿的主体是有损流域生态环境健康发展的破坏者以及从流域生态系统服务功能中得到惠利的受益者和使用者。生态补偿的客体则是对流域生态可持续健康发展具有促进作用的保护者和建设者。在某些特定的情况下,二者的划分是较复杂的。

因此,针对特定区域水源地生态补偿主客体的区分需要具体分析。

2.明确补偿资金来源、分配及用途

根据已有研究和流域生态补偿实际案例分析,政府资金投入仍是生态补偿资金中最主要的来源,其中包括中央政府、省级政府对生态保护区所在的地方政府、下级政府的财政转移支付和流域下游受益区域地方政府对流域上游生态建设保护区域地方政府的财政转移支付。除此之外,补偿资金还来源于以市场规则为基础的生态系统服务功能的购买与交易。

补偿资金主要是按照"公平分配,按效取酬"的原则进行分配。对于水源涵养林效益和限制性生产补偿,其分配比例系数的正确与否直接影响补偿资金的分配是否科学与合理。分配比例系数的确定应综合考虑水源保护区水源涵养林的覆盖面积、水源区所处流域年入库水量及水源地所在市、县人口数量等因素。对于治污设施补偿,应由政府财政按照污水处理设施投资额和设施日常运营管理费用等实际情况进行分配。

对于水源地保护区所得的涵养林补偿,从中抽取20%用于涵养林的建设和维护,剩余部分的40%以现金形式补偿给水源地保护区的农民,余下全部补偿以购置有机肥等生产资料的方式返补给农民。水源地保护区所得的限制性生产补偿主要由保护区地方政府支配,以补充地方经济发展和环保治理工程所需。对于治污设施补偿,则全额用于污水治理工程,包括污水处理设施的建设和日常的运营管理费用。

6.4 应急管理

饮用水水源突发事件应急制度一般包括饮用水水源突发事件的应急管理体制、饮用水水源突发事件的预防和应急准备制度、饮用水水源突发事件的监测和预警制度、饮用水水源突发事件的应急处置和救援制度、饮用水水源突发事件的事后恢复和重建制度、饮用水水源突发事件的法律责任制度和饮用水水源突发事件的应急保障制度等一系列制度。它是为保障饮用水水源地的安全依照法律法规制定的一项制度措施。该制度最重要的内容是突发事件的监测和预警及应急处置制度。

监测和预警制度是一种事前预防的措施,它是针对饮用水水源的水质加以监测,并依据得出的水质情况结果制定出预报计划,提出发生事故或灾害时所采取的应急措施,预测可能会发生污染事故的地点和程度。相比较而言,应急处置制度就是在发生事故或灾害之后采取紧急处理办法,使受灾对象最大限度地恢复到之前的状态的制度,也可称为事后救济制度。

饮用水所具有的特征是一般环境都会具有的特征,即只要被破坏就很难恢复甚至无法恢复,并且这种损害对于人体来说是无法逃避的。在饮用水从源头到处理完毕输向用户的过程中的任何一个环节出现纰漏,都会产生无法预知的不良后果。正因如此,我们才有必要建立饮用水的应急处理制度,最大化地避免事故发生或降低由此引起的各种损失。

6.4.1 当前水源地环境问题防范的不足

6.4.1.1 风险管理部门重视程度不足

现行管理制度下,部分风险管理部门并未专门对水源地污染进行有效的防范,也未定期组织有关人员专门进行管理勘探。在日常管理工作中,对于水源地发生的环境问题没有第一时间做出控制,也因为缺乏联络通道,许多水环境问题都缺乏合理的疏导,只是在问题累积直至质变才开始整治,且整治力度不大,通常只是象征性地让有关人员前去排查然后做出总结汇报,并没有真正地对水源问题的来源和影响因素做出探索规划。

6.4.1.2 缺乏规划设计和管理目标

自预警和应急管理工作全面推进以来,各地投入了大量资金开发建设现代化预警系统,如水质信息采集系统、水质信息传输系统、水质信息处理系统、水污染预报分析系统、水污染预报决策支持系统、防污决策分析系统、预警预报服务系统等,以及支持这些系统正常运行、维护等相关配套设施及软件。部分区域还安排了大量人员对水源地进行长时间监控,但是由于缺乏必要的实地考察和经验总结,部分安排人员存在着一定的导向性错误。这些设施设备、人员管理仍然存在难以统一规划、使用,未能全面发挥效率等问题。

另外,对于控制水源地环境问题,专业人员的专业技能和科学化手段的不足,未及时引入较为专业的监测设备和养护技术,遇到问题还需要经过层层手续,严重降低了工作效率,出现问题时难以及时妥善解决。

6.4.1.3 实践不足,缺乏合作默契度

在水源地突发环境事件应急预案中,要厘清各部门各环节之间的衔接关系,逐级细化,预案内容要随着层级的递降而更加明确和具体。应急管理效率的高低在一定程度上与相关衔接关系直接相关。与之匹配的是对接预警机制和交流体系。在水源地运行关系方面,可能存在发现了问题,认识了问题,但受阻于衔接和交流,导致工作难以推进、开展缓慢的问题。

在理论研究方面,各类型饮用水水源地广泛开展了应急管理与保护工作,如立足于饮用水水源地环境管理的实际需求、水源地的功能与特性,从监控—预警—应急全过程构建饮用水水源地水污染预警与应急技术框架,为规划建设提供借鉴。在实践的应用转化方面,受限于技术瓶颈、传媒宣传或公众参与程度,仍需进一步地提升应急管理相关平台的技术应用水平。

6.4.2 加强对水源地环境问题防范与控制对策

6.4.2.1 加强对流域断面水质异常情况的预警

当污染因子浓度超过水环境功能区划要求或规定,污染因子浓度明显超过日常监测水平,流量突然变大和鱼、虾、水生植物等动植物大量死亡,人因饮水而中毒,对水的感官(视觉、嗅觉)出现明显异常等时,上下游环境保护部门要及时对水域、重点支流、饮用水水源地以及沿岸重点污染源水质水量实施加密监测,并及时预警。

6.4.2.2 转变防范目标,规范工作安排

相关人员必须前期就将流域基本情况仔细调研清楚,对所控制水源地的基本位置和功能情况有详细了解,从而第一时间规划其防范的主次。例如,调查流域基本情况,明确保护目标和基本风险状况。包括流域构成,环境功能区划情况,支干流水文资料,主要饮水工程和调水段输水、调水情况,重要饮用水水源地和重点控制城市(向水体直接排污的城市)等情况。上下游环境保护部门对流域污染源进行排查,确定污染原因、污染范围和程度,建议有关部门及责任单位采取措施,减轻或消除污染。

在规范化工作方面,可将常规的统一防范策略进行调整。具体可根据风险

事件来源特征,按照固定风险源、移动风险源、非点源风险源,分别制定防范和应急措施,以妥善处置不同类型突发水环境安全事件,确保饮用水水源地安全,保障人民群众环境安全。

6.4.2.3 加强实践,对接联络交流系统

开展监测与扩散规律分析工作,上下游环境保护部门确定联合监测方案,组织有关专家对污染扩散进行预测和预报,密切跟踪事态变化趋势,为有关部门及责任单位决策提供技术支持。

加强对流域内出现重大涉水污染事故等突发环境事件的信息监测(企业污水处理系统、城市污水处理厂等污染源不正常排放,因企业爆炸或泄露、运输过程事故等而向河流排入污染物),采取措施及时控制污染源。

在发生或可能发生跨界突发水环境事件时,上下游有关部门及责任单位应加强协调、合作,及时整合资源,开展处置工作。

督促水利部门限制引水量,控制水库下泄流量,实施水利调控措施,制定环境用水调度方案。

实施拦污、导污、截污措施,减少污水排放量和控制污染影响范围。

第七章 | 长江上游水源地安全保障策略

〰〰〰〰〰〰〰〰〰〰〰〰〰〰〰〰〰〰〰〰〰〰〰〰〰

本章主要对长江上游近年来实施的水源地安全保障工作进行梳理与总结。以水系连通为新时代水资源优化配置的推荐方式,介绍政策来源背景,各行政区域落实推进后匹配资金投入情况,水源地在供水保证率、水污染控制与治理方面取得的成效。目的在于通过回顾已实施的相关安全保障策略,总结各措施取得的经验教训,为今后的工作开展提供借鉴。

7.1 连通水系,优化水资源调度与配置

7.1.1 水系连通政策支持

2009年10月,时任水利部部长陈雷在全国水利发展"十二五"规划编制工作会议上首次提出深入研究河湖水系连通。2010年,陈雷在全国水利工作会议上提出要"加快河湖水系连通工程建设,构建引得进、蓄得住、排得出、可调控的江河湖库水网体系"。2011年中央一号文件明确指出,"完善优化水资源战略配置格局,在保护生态前提下,尽快建设一批骨干水源工程和河湖水系连通工程,提高水资源调控水平和供水保障能力"。

按照《中共中央、国务院关于加快推进生态文明建设的意见》《中共中央关于制定国民经济和社会发展第十三个五年规划的建议》有关精神,为优化城市水生态环境格局,水利部出台《水利部关于加快推进水生态文明建设工作的意见》《水利部关于推进江河湖库水系连通工作的指导意见》,提出水系连通工程实施要求。《水利部关于推进江河湖库水系连通工作的指导意见》提出,计划通过10—20年的努力,以水资源紧缺、水生态脆弱和水环境恶化等地区为重点,逐步构建国家、区域、城市层面布局合理、功能完备、工程优化、保障有力的河湖水系连通格

局,水资源统筹调配能力、供水安全保障能力、防洪除涝减灾能力、水生态环境保护能力和应急保障能力得到明显提高。同时,还明确了河湖水系连通的工作重点:一是着力突出水资源配置、防洪减灾、水生态环境修复与保护等不同类型河湖水系连通的功能要求,二是准确把握东部、中部、西部、东北地区河湖水系连通的区域特点,三是注重国家、区域、城市和农村等不同层面的连通特征。

2015年以来,我国已实施了一批河湖水系连通项目,并取得了一定成效。2016年,《水利部办公厅关于开展江河湖库水系连通实施方案(2017—2020年)编制工作的通知》要求,各地以省为单位,按照"确有需要、生态安全、可以持续"的原则编制《江河湖库水系连通实施方案(2017—2020年)》。

此外,2018年1月2日,《中共中央、国务院关于实施乡村振兴战略的意见》明确指出,牢固树立和践行绿水青山就是金山银山的理念,落实节约优先、保护优先、自然恢复为主的方针,统筹山水林田湖草系统治理,严守生态保护红线,以绿色发展引领乡村振兴。2018年5月,水利部、财政部组织编制的《全国江河湖库水系连通2018年度实施方案》指出,针对一些地区出现的河湖淤积萎缩、水污染加剧、生态功能退化、河湖连通不畅等问题,组织各地以县市为单元实施江河湖库水系连通工程。

7.1.2 水系连通的主要任务和注意事项

7.1.2.1 主要任务

以存在淤塞阻隔的河湖水系为重点,实施清淤疏浚、打通断头河、新建连接通道,逐步恢复河湖水系完整性,改善或恢复江河湖库水系之间的水力联系,改善城乡河湖水生态环境,提高区域水资源统筹调配能力和防洪除涝减灾能力。

针对不同区域,结合当地自然地理特征,因地制宜确定相应任务。在资源性或工程性缺水的生态退化地区,应以恢复河湖水系生态流量为主要目标,为水生态系统自我修复创造必要条件,以提高区域供水保障能力。丰水区主要以提高水环境承载能力为目标,通过恢复、重建或调整流域区域河湖水系网络,保障河湖水系连通性,改善水生态环境,打通河湖水系洪涝水通道,提高洪涝水宣泄能力。

7.1.2.2 注意事项

河湖水系连通目的是解决区域水资源条件与生产力不匹配的问题,同时满足经济社会可持续发展和生态文明建设需要,最终实现人水和谐。需要注意的是,河湖水系连通同样具有两面性,在实施过程中应充分论证,尽量减少负面影响。河湖水系连通理论体系的关键技术涉及河湖水系连通的问题识别、功能分析、适应性分析、方案设计、运行管理及效果评价等。作为新时期解决水问题的重要方略,相关连通工程实践将更加广泛,在实际实施过程中也要注意各方面之间的矛盾和冲突,如经济发展与生态环境保护、流域上游与下游、调出区与调入区、新建工程与已建工程等之间的矛盾和冲突。

7.1.3 长江上游河湖连通工程

江河湖库水系连通项目实施过程中的责任主体是地方人民政府,以区域典型示范推动全流域水系连通,保障水资源优化调度与配置,全面保障水源地水生态安全。

2016年以来,湖北省开展了湖泊堤防加固、外排能力泵站建设等水利补短板工程建设,编制实施《湖北省江河湖库水系连通实施方案(2017—2020年)》,2015—2018年,累计推进全省重点江河湖库水系连通项目17个,总投资14.21亿元;2018年至2019年,推进实施了鄂州市梁子湖至梧桐湖水系连通工程、钟祥市南湖河—南湖—汉江水系连通工程等项目,河湖水环境及水生态得到有效改善。

2016年,重庆市按照水利部部署和相关要求,编制完成《重庆市江河湖库水系连通实施方案(2017—2020年)》。该方案规划项目涉及25个区(县),共65处,总投资70亿元。规划项目实施后,每年可增加生态供水量3.76亿 m^3,将进一步优化重庆市水资源配置格局,提高水利保障能力,满足区域经济社会发展对水利的需求,改善区域水生态环境,促进重庆市水生态文明建设。

作为长江上游的生态屏障和成渝城市群的主要载体,四川处于国家"一带一路"和长江经济带的交汇处,在新的历史条件下面临着前所未有的机遇和挑战。四川省河流众多,素有"千河之省"之称。四川坚持节约优先、保护优先、自然恢复为主,严守生态保护红线,大力推进水生态保护和修复。全面落实河长制、湖长制,加快编制全省主要河湖岸线保护和利用规划,深入实施清河、护岸、净水、保水行动,维护河湖健康美丽,实现河湖功能永续利用,筑牢长江黄河上游生态屏障。以水利工程补短板夯弱项、水利行业强监管优服务为主线,大力推进"再造都江堰"水利大提升行动,加快构建严格高效的节水配水管理体系、以"五横六纵"为骨架的现代水利基础设施生态网络体系、碧水长流的河湖保护体系、科学高效的水旱灾害防治体系、创新引领的现代水利制度体系、繁荣兴盛的蜀水文化体系;加快实施防汛减灾工程、节水供水重大水利工程、水系连通及农村水系综合整治工程、病险水库(水闸)除险加固工程、水生态保护工程等,不断提高全省水安全保障能力。

贵州省牢牢守住发展和生态两条底线,发挥好、发展好生态优势,推动后发优势转化为产业优势和市场优势,用生态之美、谋赶超之策、造百姓之福。以"政府主导、部门合作、社会参与"为导线,实施了河湖水系连通、水生态修复与保护、节水减排和水文化培育等90个试点建设项目,实现"河畅、水清、岸绿、景美"贵州。

对长江上游2016—2018年实施的江河湖库水系连通项目进行汇总部分清单见表7.1-1。

表7.1-1　长江上游江河湖库水系连通项目清单(部分)

序号	项目名称	所在地	启动时间
1	湖北省鄂州市青天湖水系连通工程	湖北省鄂州市	2016年
2	湖北省武汉市巡司河综合整治二期工程(汤逊湖水系与长江连通工程)	湖北省武汉市	2016年
3	湖北省襄阳市汉江南渠护城河水系连通工程	湖北省襄阳市	2016年
4	湖北省潜江市北片水系连通工程项目	湖北省潜江市	2016年
5	湖北省荆门市漳河汉江水系连通东宝区王林港(竹皮河支流)综合治理项目	湖北省荆门市	2016年
6	荆门市汉西水系连通工程	湖北省荆门市	2017年
7	武穴市城区江河湖库连通及水环境治理工程	湖北省武穴市	2017年
8	黄冈市长河水系连通工程	湖北省黄冈市黄州区	2018年
9	鄂州市梁子湖至梧桐湖水系连通工程	湖北省鄂州市	2018年
10	钟祥市南湖河—南湖—汉江水系连通工程	湖北省钟祥市	2018年
11	重庆市永川区关门山水库至临江河(城区段)河库连通工程	重庆市永川区	2016年

续表

序号	项目名称	所在地	启动时间
12	重庆市璧山区璧北河—璧南河河湖水系连通工程一期	重庆市璧山区	2016年
13	荣昌区清流河—黄桷滩—高升桥水库江河湖库水系连通工程	重庆市荣昌区	2018年
14	四川省内江市资中县河库联网输水工程	四川省内江市	2016年
15	四川省达州市宝石桥水库、明月水库与新宁河水系连通工程一期	四川省达州市	2016年
16	四川省乐山市青衣江—东风堰—龙头河水系连通工程	四川省乐山市	2016年
17	四川省南充市南部县城区河库连通及水生态建设工程	四川省南充市	2016年
18	四川省阆中市嘉陵江(金沙湖)—构溪河湿地水系连通与生态保护项目	四川省阆中市	2016年
19	广汉市三星湖河湖连通项目	四川省德阳市广汉市	2018年
20	四川省广安市城区河湖库水系连通与水生态修复工程	四川省广安市	2018年
21	贵州省贵阳市红枫湖至花溪水库连通工程	贵州省贵阳市	2016年
22	贵州省黔南州三江堰生态修复工程	贵州省黔南州	2016年
23	贵州省安顺市引千入虹工程生态河道治理项目	贵州省安顺市	2016年
24	威宁县草海下游河湖连通工程	贵州省毕节市威宁县	2018年

7.2 强化区域水污染控制和治理

7.2.1 湖北省加强湖泊生态空间保护

湖北是千湖之省,湖泊保护任务艰巨繁重。2012年,为规范管理各类湖泊,湖北省人大就已通过并颁布了《湖北省湖泊保护条例》,标志着湖北湖泊保护步入法治轨道。其后,湖北省逐渐实施"一湖一勘""一湖一档",为列入湖北省政府保护名录的湖泊建立"地理户籍"和"身份档案"。另外,主管部门编制完成《湖北省湖泊保护总体规划》、13个涉湖市湖泊保护总体规划、755个湖泊的详细保护规划、全省18个30 km²以上湖泊水利综合治理规划编制。这一系列工作的开展,对湖北省单个湖泊的功能定位、保护的重点和路径等进行了明确;针对河湖管理保护中的突出问题,编制实施了"一湖一策"。

严格落实《湖北省湖泊保护条例》中有关环境准入管制政策,对涉及湖泊等重要生态敏感区实施从严审批,从源头上减少入湖排污。加大湖泊水污染综合治理经费投入,将湖泊水污染防治项目申请纳入国家水污染防治专项项目库。2019年,共计争取安排中央湖泊水污染防治资金3.35亿元,用于全省湖泊生态环境保护治理修复。建立落实湖泊水质目标责任机制,湖北省政府将重点湖泊、重点流域环境质量和污染减排纳入目标责任考核,省委组织部将跨界断面、饮用水水源、水功能区水质达标率纳入了对市州党政领导班子和领导干部考核。实时进行湖泊重点污染源监控,对纳入"水十条"考核的17个重点湖泊21个水域,加大水质监测预警,研究预判水质变化趋势,及时制定湖泊保护措施。开展水产养殖专项整治,全面拆除江河湖库网箱和围栏养殖设施127.54万亩,取缔27.45万亩投肥(粪)养殖和4.5万亩珍珠养殖设施。通过水污染治理、生态修复工程的实施,有效地保护了重点湖泊的生态环境。目前,斧头湖(江夏)、梁子湖(江夏)、太湖(荆门)、西凉湖、黄盖湖水质保持在Ⅲ类以上。

未来几年,湖北省将坚持污染防治与生态修复并行,持续推进工业污染源全面达标计划和工业聚集区污水处理厂及配套管网建设;强化城市黑臭水体整治,加强乡镇集中式污染处理厂建设和农村环境综合整治,强化畜禽养殖污染治理和综合利用,严控入湖污染物总量;按照自然恢复为主、人工修复为辅的要求,加大种草种螺种蚌及增殖放流力度,全面恢复重要湖泊水环境质量。同时,以湖北省控重点湖泊排污口排查专项行动为契机,按照"排查、监测、溯源、整治"要求,全面摸清省控重点湖泊入湖排污口底数,建立排污口清单台账和入湖污染物清单,科学合理制定水质考核目标,为湖泊水环境治理提供坚实支撑。

7.2.2 重庆优化水资源配置格局

重庆市位于长江上游,面积8.24万km²。下辖38个区县(自治县),水资源量地区分布不均,由东向西呈递减趋势,约3/4的当地水资源量分布在人口较少的渝东北和渝东南地区,且年际变化大、年内分布不均,多集中在5月至8月。渝西片区经济相对较为发达,但区内河流源短流小,自产水资源不足,难以支撑区域经济社会发展。

7.2.2.1 三峡库区重要支流水环境治理

重庆市制定了《2019年重点流域水环境综合整治攻坚工作方案》,并明确5项措施,着力推动解决水质不达标重点河流突出环境问题。三峡库区部分库湾富营养化问题仍未解决,36条一级支流中已有22条回水区发生过"水华"现象。根据重庆市生态环境局发布的《2020年重庆市环境质量简报》,2020年,三峡库区36条一级支流72个断面水质呈中营养的断面比例为66.7%;呈富营养的断面比例为33.3%。

2020年,重庆市江津区计划投资40亿元,拟通过排水管网检测及修复工程、津东北片区水环境综合治理工程、津西北片区水环境综合治理工程、津中片区水环境综合治理工程、津东南片区水环境综合治理工程、津西南片区水环境综合治理工程及智慧水务工程等7个子项,开展水环境综合治理工程(一期)PPP项目建设。

石柱县是重庆市委市政府"三峡库心"跨区域协同发展规划的核心区县。2020年,石柱县启动长江上游共抓大保护项目中第一个涵盖污泥处理厂和餐厨垃圾处理厂的水环境综合治理PPP项目,将以全面推进治水提质为核心,统筹石柱县污泥处理、餐厨垃圾处理、河岸景观打造、智慧水务等多重目标,实现全县污水、污泥、餐厨垃圾收集处理全覆盖,提升水环境质量。

7.2.2.2 渝西水资源配置

经济条件相对较好的渝西地区,地处长江干流、嘉陵江和沱江三大水系的分水岭地带,多年平均自产水资源量仅55.2亿m³,人均水资源量500 m³—700 m³,接近国际公认的极度缺水地区。其中,铜梁、大足、荣昌、永川等地水资源开发利用率已接近或超过国际公认的警戒线40%,当地河流水质条件较差,且存在恶化趋势,经济社会发展与区域水资源承载能力之间的矛盾突出。水资源供给不足已成为制约渝西地区经济社会发展的"瓶颈"。

为推进区域"生态优先、绿色发展"要求,缓解渝西地区水资源供需矛盾,支撑渝西地区经济社会可持续发展,2018年6月,水利部印发了《重庆市渝西水资源配置工程总体方案审查意见的通知》。

7.2.3 贵州现代水网保障水安全和水生态

为协调推进水网龙头和节点水库、主次网建设,完善水网监控体系,构建形成系统完善、安全可靠的现代水网,有效提高水资源综合调配能力和区域供水安全保障水平,保障全省供水安全和生态安全。按照省委、省政府关于大力实施基础设施"六网会战"的决策部署,贵州省水利厅、省发展改革委制定贵州省水网建设专项行动方案。

到2022年,围绕水网连通有突破、工程供水能力有提升的工作总基调,重点保障城乡供水、产业供水和生态供水,大力推进大中小型水库及配套水网、引提水和河湖水系连通工程建设,实施农村饮水安全巩固提升及大中型灌区续建和节水配套改造。完善水网监控体系,初步建成黔中和黔西北两个区域水网,实现"市州有大型水库、县县有中型水库、乡乡有稳定水源",确保防洪安全、供水安全和生态安全。其中,2019—2022年,投资20.23亿元推进威宁县草海下游河湖连通工程、龙里县城城区水系连通工程和遵义市湘江上游河段生态补水工程等条件成熟的"河—库"水系连通工程。重点推进11处引提水、河湖水系连通工程,新增设计供水量2.29亿 m³。

建成黔中区域和黔西北区域水网,逐步完善区域水网体系。黔中区域水网主要以黔中、红枫湖、黄家湾、普定、引子渡等为龙头水库,以桂家湖、革寨、凯掌、松柏山、花溪等为节点水库,以黔中总干渠、桂松干渠、贵乌支渠、小鹅支渠等干支渠和"黔中—红枫湖—黄家湾—普定—引子渡"之间连通工程为主网,"水源—水厂(田间)"之间输配水工程为次网,初步形成水源互济、丰枯互补的黔中区域水网,实现黔中水利枢纽与红枫湖互为备用水源,主要覆盖解决贵阳市城区、贵安新区、安顺市、六枝特区等生活、生产、生态用水需求。拟建引子渡水库提水工程、凯掌水库至松柏山水库输水工程、麻杆寨至清镇输水工程。黔西北区域水网主要以夹岩、洪家渡、观音、文星、乌江渡等为龙头水库,以附廓、文家桥、红岩、海龙、石板塘等水库为节点水库,以毕大供水、夹岩总干渠、北干渠、南干渠、遵义供水线等干支渠和"红岩—海龙"等水库之间连通工程为主网,"水源—水厂(田间)"之间输配水工程为次网,初步形成水源互济、丰枯互补的黔西北区域水网,主要解决毕节市城区、大方县城、纳雍县城、织金县城、黔西县、金沙县、仁怀市、遵义市城区等生活、生产、生态用水需求。此次行动方案期内主要考虑建成夹岩现有设计方案内的输配水工程,包括毕大供水工程和灌区骨干输水工程两部分。

7.2.4 四川系统推进河湖水域治理

四川省水系发达、河湖众多,是长江、黄河的重要水源发源地、水源涵养区和主要集水区。保护河流湖泊,事关人民群众福祉,事关国家生态安全。四川省开展河湖水域治理工作,以"摸清问题与完善方案结合、源头治理与系统治理结合、专项行动与社会参与结合、完善制度与依法管理结合"为总体要求,坚持问题导向,聚焦工作重点,着力推动全省河湖生态环境质量持续提升。具体工作以沱江、岷江、嘉陵江、涪江、金沙江等流域为重点,坚持综合施策、系统治理,立足于察实情、出实招、见实效,为推动高质量发展注入绿色基因、守护碧水清波。相关具体工作从四个方面开展。

一是全面摸清四川省河湖基本情况。各地聚力攻坚,对标总体推进目标,出台本级河湖划界工作方案,开展好前期摸底工作,建立涉河建设项目台账,编制具体河流的河道管理范围划定实施方案,开展划界工作。

二是推进河湖水域系统治理。对照水利系统职能职责,严格实行河湖水域空间管控,科学划定红线,禁止违法乱占岸线、水域空间;严格控制河湖水资源开发利用,落实最严格水资源管理制度,实行总量和强度双控,重点解决河湖管理保护界限不清和河湖水少、水脏的问题;严格控制河湖排污,核定河湖水体对污染物的承载能力,倒逼岸上各类污染源治理。筑牢"全域治水"理念,跨省市、跨地区、跨流域联合行动,在强化涉河项目审批、规范河湖采砂、推进水域岸线划界、完善河湖管理保护技术标准等工作中,全行业上下共同发力、协调推动。加快涉水生态工程建设,抓紧实施河湖水系连通工程,推动岷江、沱江、涪江等流域水环境系统治理,加快生态恶化河湖整治修复,推进重点区域小流域生态治理,在"水美新村"创建中加强农村河湖管理保护,解决水系紊乱、河塘淤积等问题,推进城乡河湖水环境保护和修复。建立流域治理保护长效机制,探索建立上下游、干支流生态补偿机制,加快形成"成本共担、效益共享、合作共治"的流域互动格局,完善各级河(湖)长定期巡河、问河、管河机制,确保"河长治河、湖长治湖"落地见效。

三是深入开展专项整治行动。各级水务部门特别是河长制办公室,协助本级河(湖)长切实完成好中央和省级要求的工作任务,抓好河湖采砂专项整治和"清四乱"行动、入河排污口专项整治和电站生态流量整改,推动河(湖)长制工作取得新成效。

四是加强河湖管理保护执法监管。建立健全制度体系,加快河湖管理保护法规制度"立改废释",借助河(湖)长制平台探索组建水环境联合执法队伍,变"多头治水"为联合执法;加快推进河(湖)长制立法调研,及时修订河道管理实施办法和河道采砂管理条例,健全行政执法和刑事司法衔接配合机制,将涉河涉湖管理保护活动纳入法治化轨道;加强执法队伍建设,加大日常巡查和执法力度,严格执法程序,严肃查处各种违法违规行为;坚持以规划为依据,对乱象处理从早从小,坚持开发与保护两手抓;建立"有奖举报"制度,拓展公众参与渠道,形成维护河湖健康的强大合力。

7.3 加强水源地应急管理,推进水源地安全保障

2018年3月,为贯彻《中华人民共和国水污染防治法》,指导地方县级及以上人民政府开展集中式地表水饮用水水源地突发环境事件应急预案编制工作,提高预案的针对性、实用性和可操作性,生态环境部制订了《集中式地表水饮用水水源地突发环境事件应急预案编制指南(试行)》。该指南主要针对因固定源、流动源、非点源突发环境事件以及水华灾害等事件情景所导致的水源地突发环境事件的预案编制工作。

7.3.1 应急管理原则

水源地应急管理应有针对性、实用性和可操作性。总体原则包括3个方面:

1.系统性原则

水源地应急管理工作,应全面掌握水源地所在行政区域内水源地的风险源信息、可能发生的突发环境事件情景和应急资源状况,逐一梳理明确各部门应对突发环境事件的工作职责、应急流程和任务分工,有效提升政府和有关部门的应急准备能力与应急处置能力。

2.针对性原则

水源地应急管理工作,应全面调查和了解行政区域内水源地环境风险状况,针对不同类型的水源地、面临的不同环境风险,以及可能发生的突发环境事件情景,制定切实有效的应急处置措施。

3.协调性原则

水源地应急管理工作是市、县级人民政府突发事件应急处置工作的一部分，相应编制的工作处置预案是整个行政区内应急工作的重要组成部分，应与行政区域内的企业突发环境事件应急管理、道路交通事故应急管理、水上交通事故应急管理和城市供水系统重大事故应急管理等有机衔接。

7.3.2 应急管理范围

通常情况下，水源地的应急管理是以水源地为单元进行独立管理。因此，实际工作中，水源地应急管理预案应明确适用的地域范围，即启动水源地应急预案的范围。该范围既不可向水源保护区上游和周边区域无限延伸，也不可仅限于水源保护区。综合考虑不同水源地自然条件和管理情况的差异，可根据水源保护区及其连接水体的流速、流量、可能发生的突发环境事件情景，以及所属市、县级人民政府及有关部门最快的应急响应时间等因素，综合考虑确定水源地应急预案适用的地域范围。

《集中式地表水饮用水水源地突发环境事件应急预案编制指南（试行）》建议水源地应急预案适用的地域范围，包括水源保护区、水源保护区边界向上游连接水体及周边汇水区域上溯24小时流程范围内的水域和分水岭内的陆域，最大不超过汇水区域的范围。假定水源地上游连接水体流速分别为 1 m/s 或 0.1 m/s，则水源地应急预案适用的地域范围应分别不少于 86.4 km 或 8.6 km。

7.3.3 应急管理具体措施

在水源地实质性发生突发水环境事件时，应按照应急预案，统一领导、分工负责、协调联动，采取快速反应、科学处置、资源共享、保障有力的应对措施。

7.3.3.1 应急指挥体系

应急指挥体系通常包括应急组织指挥机构和现场应急指挥部，如有必要，还可包括外部应急救援力量。应急组织指挥机构由总指挥、副总指挥、协调办公室和专项工作组组成。现场应急指挥部一般由与突发水环境事件直接相关的部门和单位组成，以指挥、组织和协调相关应急响应工作。外部应急救援力量主要是为现场工作服务，包括应急处置、监测、供水保障、物资保障和人员保障救援力量。

7.3.3.2 应急响应措施

在水环境突发事件发生后，响应处置一般包括信息收集和研判、预警、信息报告与通报、事态研判、应急监测、污染源排查与处置、应急处置、物资调集及应急设施启用、舆情监测与信息发布、响应终止等工作内容。

应急响应工作线路图可参考以下工作路线（见图7.3-1）。

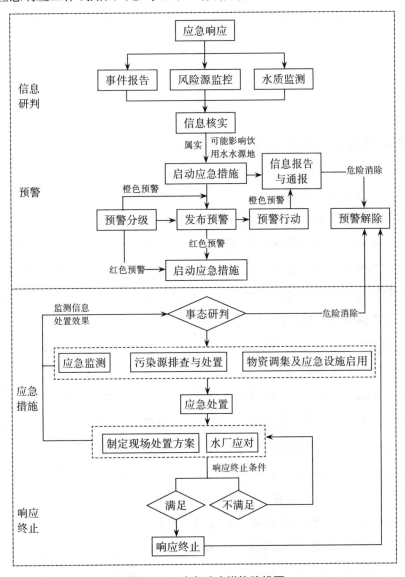

图7.3-1 应急响应措施路线图

7.3.3.3 后续工作

水源地现场应急处置响应工作终止后,还需开展后期防控、事件调查、损害评估和善后处置工作。

后期防控主要是针对发生的突发事件,将后期处理工作落实到责任单位,使其完成相应善后工作,包括污染物的回收、监测、治理和修复。事件调查是指由环境保护主管部门牵头,相关部门配合,查明事件原因和性质,提出整改防范措施和处理建议。损害评估是指对由污染引起的损害进行评估,并向社会公布。善后处置是针对事件发生中的受害受损对象开展损害赔偿,对风险源进行整改,修复污染场地。

7.4 流域水生态监测监控常态化

开展水生态水环境监测是长江大保护的基础性工作,是河湖健康评估的基础。长江流域经常性水生态监测工作的总体目标是系统、准确和及时获取长江流域水生态系统监测资料和信息,整合水生态水环境监测资源,定期发布长江流域水生态监测评价报告,掌握长江流域水生态状况和发展趋势,加快建立和完善长江流域水生态水环境监测体系与监测基础信息平台,为长江流域水生态保护和修复以及流域综合管理提供技术支撑。

为落实推动长江经济带发展座谈会精神,把修复长江生态环境摆在压倒性位置,共抓大保护、不搞大开发,进一步推进长江流域水生态环境保护工作,打好长江保护修复攻坚战,生态环境部办公厅于2018年11月组织制订了《长江流域水环境质量监测预警办法(试行)》。要求长江流域云南、贵州、四川、重庆、湖北、湖南、江西、安徽、江苏、浙江、上海等11省(市)部分或全部的国土区域,以"和谐长江、健康长江、清洁长江、优美长江和安全长江"为目标,以水环境质量只能变好、不能变差为原则,加快建立长江流域自动监测管理和技术体系,完善长江流域国家地表水环境监测网络,推进长江流域水环境质量持续改善。生态环境部负责长江流域水环境质量监测预警工作,建立健全国家地表水环境质量监测预警体系,组织开展长江流域水环境质量监测评价,每月向相关省级人民政府和地级及以上城市人民政府通报水质状况;每季度向出现预警的地级及以上城市人民政府通报预警信息。地方各级人民政府依法对本行政区域的水环境质量负责。在出现预警时应深入研究水环境质量下降原因,制定整改计划,并将整改计划落实情况及时向社会公开,主动接受社会监督。

长江流域水质监测预警等级划分为两级,分别为一级、二级,一级为最高级别。具体分级方法如下:

同时满足以下情形的,属二级。

①断面当月水质类别和累计水质类别均较上年同期下降1个类别及以上,并且下降为Ⅲ类以下的(如水质同比由Ⅲ类下降为Ⅳ类等情形)。

②断面累计水质类别未达到当年水质目标。

③断面不符合更高等级预警条件。

同时满足以下情形的,属一级。

①断面当月水质类别和累计水质类别均较上年同期下降2个类别及以上,并且下降为Ⅲ类以下的(如水质同比由Ⅲ类下降为Ⅴ类等情形)。

②断面累计水质类别未达到当年水质目标。

当地级及以上城市同时出现符合一级、二级预警条件认定标准的断面时,按照最高等级确定地级及以上城市的预警级别。

7.5 完善投融资体制,加大投入力度

7.5.1 拓展安全保障资金融资渠道

现阶段,水源地安全保障的责任主体在地方政府机构,由于各基层资金储备有限,导致其无法满足长期投资需求。对此,各基层政府部门应当集中财政资金,统筹规划安全保障建设工作,并积极开展水生态保护及水质监测工作等主题公益活动,拓展专项融资渠道。此外,将开发与利用水资源的相关事务过渡给市场,充分发挥宏观调控优势,维持安全保障建设工作的正常运转。

7.5.2 设立饮水源保护专项资金

饮水源保护区专项资金机制建设,始于2011年《财政部关于印发〈三河三湖及松花江流域水污染防治考核奖励资金管理办法〉的通知》,之后出台了《江河湖

泊生态环境保护项目资金管理办法》《江河湖泊生态环境保护项目资金绩效评价暂行办法》。直到2015年《水污染防治专项资金管理办法》的发布,饮用水水源保护专项资金才真正落实,有了规范的法规。

目前行之有效的管理办法,是2021年6月2日,财政部印发的《水污染防治资金管理办法》。该办法明确适用于管理中央一般公共预算安排的,专门用于支持水污染防治和水生态环境保护方面的资金(以下简称防治资金)。根据该办法,此项防治资金实施期限暂定至2025年,期满后根据法律、行政法规和国务院有关规定及水污染防治工作形势的需要评估确定是否继续实施和延续期限。其重点支持范围有6项,其中明确支持集中式饮用水水源地保护。资金支出方向为重点流域、重点区域、重点项目水污染防治,以及长江、黄河、其他重点流域横向生态保护补偿机制建设。其中,长江全流域横向生态保护补偿机制引导资金分配以水质优良情况、水生态修复任务、水资源贡献情况为分配因素,具体权重分别为:40%、30%、30%。

7.6 政府信息公开,优化公众参与和监督

在经济全球化和信息化的时代,瞬息万变的信息,已成为社会经济发展的决定因素。信息社会就是信息和知识扮演主角的社会。作为最重要的信息资源,政府信息涵盖全社会信息的80%。它既是公众了解政府行为的直接途径,也是公众监督政府行为的重要依据。行政机关在履行职责过程中制作或者获取的,以一定形式记录、保存的信息,及时、准确地公开发布,称之为政府信息公开。政府信息公开是我国的基本法律规定,是一项政府加强自身建设的重要法律制度,以推进社会主义民主法治建设,加强对行政权力的监督。基于政府信息公开,充分利用广播、电视、网络、通信、报纸杂志及政府信息公示等载体,把饮用水水源地保护与生态文明建设同等重要地位联系起来,积极倡导和宣传饮用水水源地保护伦理和生态文化,努力提高公众的法治意识,可增强全社会的饮用水水源地保护生态价值观。

公众对环境质量要求的提高,一是源自全球经济化和信息化的发展要求,二是源自公众保护环境的责任感增强。多年的监管经验也表明,仅仅通过政府权

力来管制和监测多重非点源是不可取的。在环境决策中让城市居民、农民、企业、社会组织等参与进来,多方努力,不仅可使建设项目的环境影响评价更趋完善,还能进一步增强公众对环境保护的责任感和使命感。

为使公众有效参与,建议应做到以下几点:

首先,明确公众的知情权。积极推进环保信息公开制度,政府应及时通过各种传播媒介向公众发布环境保护的相关信息,让公众知晓与环境保护相关的政策法规,提高公众参与饮用水水源地保护的积极性。

其次,拓宽公众的参与途径。政府在制定有关饮用水水源地保护的法律法规及规章制度时,可以通过举办宣讲会、座谈会、听证会等方式邀请公众参加,广泛听取公众的意见和建议;在电视、网络、报纸等媒介上号召公众参与建设方案的制定;建立奖励机制,对提出有效意见的公众给予一定奖励,让公众充分体会到其在饮用水水源地保护中的主人翁地位。

最后,充分整合和调动最关心饮用水水源地环境群体的积极性。运用诉讼机制保护环境公共权益,是解决环境选择性执法、低效益治理等问题的有效途径。

下篇

应用案例

〰〰〰〰〰〰〰〰〰〰〰〰〰〰〰〰〰〰〰〰〰〰〰〰〰〰〰〰〰〰

　　长江流域片内列入国家重要饮用水水源地名录的水源地共221个,其中河流型水源地134个,占名录水源地数量的60.63%。重庆市大渡口区长江丰收坝水厂水源地(以下简称丰收坝水厂水源地)是第三批进入《全国重要饮用水水源地名录》(水资源函〔2011〕109号)的国家级水源地,最初计划供水人口20万人;在《全国重要饮用水水源地名录》(2016年)中,重庆市大渡口区长江丰收坝水厂水源地供水人口50万人,属于全国供水人口20万人以上的地表水饮用水水源地。因此,本章选择位于长江上游的国家级重要饮用水水源地重庆市大渡口区长江丰收坝水厂水源地为例,介绍河流型水源地安全保障措施体系的建设情况。

8.1 丰收坝水厂水源地概况

8.1.1 丰收坝水厂水源地与名录关系

　　重庆市大渡口区长江丰收坝水厂水源地位于长江上游,行政管理隶属于重庆市,位于国家级重要饮用水水源地名录的重庆市长江第1水源地范围内。

8.1.2 丰收坝水厂水源地现状

8.1.2.1 丰收坝水厂概况

　　丰收坝水厂是重庆的民心工程,于2004年建成,2005年正式供水,主要解决位于长江和嘉陵江之间的中心半岛,包括大渡口、沙坪坝、九龙坡和渝中区的供水问题,目前覆盖人口达50万人。

　　丰收坝水厂供水保证率100%,水厂出厂水各指标合格率为100%,达到甚至优于国家最新标准,特别是浊度一直控制在0.2NTU以内,大大优于1NTU的国家标准,达到了欧洲Ⅲ号卫生标准,成为重庆市乃至西南地区设备最先进、水质最优良的大型现代化水厂。

8.1.2.2 供水设施运行情况

根据现场踏勘,丰收坝水厂已经运行多年,取供水设施较好(见图8.1-1)。由于供水管网建设多年,丰收坝水厂的供水设施存在一定的渗漏情况。基本满足供水需求。

图8.1-1 丰收坝水厂供水设施

8.1.2.3 取水口水质达标

根据《重庆市水利局办公室关于做好重要饮用水水源地安全保障达标建设和2016年自查评估工作的通知》(渝水办资源〔2017〕4号)规定,取水点应每月至少开展一次原水水质监测。

为监测水源地的水质情况,厂区设有定期检测项目。每日检测源水水温、pH、浑浊度、色度、碱度、耗氧量、氨氮、细菌学等12项指标。每月监测源水的硬度、铁、锰、氯化物、硝酸盐及溶解氧等9项相关指标。长期监测数据表明,丰收坝水厂水源满足《地表水环境质量标准》(GB 3838—2002)Ⅱ类水标准。取水口水质达标率达到100%。2017年,水厂对源水水质持续在线监测,除了暴雨等特殊天气情况影响的高浊度外,源水浊度均平稳。所以,厂区取水口水质达标率满足要求。

厂区设有源水预氧化系统,同时辅以突发性水源水质污染事故应急预案,能够定期实施有效处理一般性源水水质突发情况的演练,确保水质。此外,按照《地表水资源质量评价技术规程》(SL 395—2007)规定项目开展营养状况监测。

8.1.2.4 封闭管理及界标

丰收坝水厂所在水源地一级保护区范围已实施隔离网防护隔离设置,界标、警示标志等已经按照技术规范要求安装,现场相对完善。(见图8.1-2至图8.1-5)

图8.1-2 丰收坝水厂水源地保护区隔离网

图8.1-3 丰收坝水厂水源地标示牌

图8.1-4　丰收坝水厂水源地一二级保护区标示牌

图8.1-5　丰收坝水厂水源地界碑

8.1.3 保护区划分情况

8.1.3.1 一级保护区

丰收坝水厂水源地保护区划分执行《饮用水水源保护区划分技术规范》(HJ 338—2018),现场踏勘测得丰收坝水厂水源地一级保护区为取水口上游1000 m,下游100 m的同侧江水水域(以中泓为界)。同时,现场调查结果表明,一级保护区范围内没有从事网箱养殖、畜禽养殖、旅游、游泳、垂钓或者其他可能污染饮用水水体的活动,水面没有树枝、垃圾等漂浮物。

8.1.3.2 二级保护区

根据现场踏勘,丰收坝水厂水源地二级保护区范围划分情况为:一级保护区上游边界以上500 m,一级保护区下游边界以下200 m的同侧江水水域(以中泓为界)。二级保护区范围内没有从事网箱养殖、畜禽养殖、旅游等活动。

8.1.3.3 准保护区

根据现场踏勘,丰收坝水厂水源地准保护区范围为取水口二级保护区上游边界延伸1000 m,下游边界延伸200 m(以中泓为界)。准保护区范围内没有从事网箱养殖、畜禽养殖、旅游等活动。

8.2 丰收坝水厂水源地保护管理措施体系

8.2.1 建立水源地安全保障部门联动机制

2019年,重庆市大渡口区协调各相关部门,建立了水源地安全保障部门联动机制,计划在2019—2020年安排资金60万元用于补充完善水源地安全保障部门联动机制。主要建设内容包括两个方面:

8.2.1.1 建立部门联动机制

①水源所在地人民政府建立水源地安全保障部门联动机制,实行资源共享和重要事项会商制度。

②加强各部门相关成员信息沟通,完善信息互通渠道,并加强各部门之间的协作。

③各相关部门中任何一个部门因工作需要开展联合检查行动时,可将行动

方案报专项治理联动工作协调领导小组,指定牵头部门,各相关部门积极配合。

④部门联动机制目标:一是建立信息互通机制,确保突发事件相关信息的及时性、准确性、一致性;二是建立优先保障机制,全力保障突发事件中的伤员救治,在紧急情况下提供交通便利,开通绿色救治应急通道,确保应急处置与医疗救援及时、快捷、高效;三是开展联合培训演练,优势互补,不断提高各方协同处置能力。

8.2.1.2 建立信息共享机制

建立城市水资源信息共享机制,完善市区间、区镇间、部门间、上下游间突发事件信息通报制度,畅通信息渠道,实行部门联动、辖区联动、上下游联动,以确保对应急水污染突发事件的及时处置和安全解决。

当城市水源水污染突发事件发生时,由区政府主管基础建设的领导为主要负责人,组织水务、城建、供水、环保、卫生、经委、公安、武警、媒体等有关部门或单位的主要领导参加的应急指挥机构,以水务部门为主设立办公室,组织开展应急处置工作。各有关部门或单位要按照职责分工做好城市水源水污染突发事件的应对工作,同时根据预案切实做好应对水污染突发事件的人力、物力、财力、交通运输、医疗卫生及通信保障等工作,保证应急救援工作,以及恢复重建工作的顺利进行。

8.2.2 强化饮用水水源保护地管理制度建设

目前,除国家出台的饮用水水源地保护的相关法律法规以外,重庆市关于长江河道的法规有《重庆市河道管理条例》(2018年修正)、《重庆市河道管理范围划定管理办法》、《三峡水库调度和库区水资源与河道管理办法》(2017年修正)。为有利推进水源地保护管理工作,大渡口区在2019—2020年还制定了如下相关法规和条例。

1.《长江大渡口城区段饮用水水源保护管理办法》

为了加强长江大渡口城区段饮用水水源保护管理,确保城区居民饮用水安全,根据《中华人民共和国水法》《中华人民共和国水污染防治法》与《重庆市饮用水源污染防治办法》等法律法规,大渡口区人民政府制定了《长江大渡口城区段饮用水水源保护管理办法》。

2.《大渡口区水功能区管理办法》

经批准的水功能区划是水资源保护管理的基础。保障水功能区的水功能，是水资源保护管理工作的中心目标，是水行政主管部门的重要职能。

3.《大渡口区水资源管理条例》

明确规定各水系河流的水功能分区、水质类别、行政界水质控制目标、入河污染物总量控制目标，明确主要饮用水水源地及其保护目标，明确水质监测的任务及监测结果的发布程序，明确水资源保护和管理的有关程序。城镇建设、土地利用和工农业生产布局等必须符合水功能区和水质目标的要求。在饮用水水源保护区内，严格执行国家和省级有关饮用水水源保护区污染防治的规定。在主要饮用水水源保护河段，不得建设任何污染企业。在行政边界附近应严格限制开发建设活动，必须进行开发建设活动的，应确保水质达标。

8.2.3 制定应急预案及演练

目前，尽管已制定了处置突发性饮用水水源保护区污染事件应急预案，但预案还存在着不足。根据保护区具体类型，水质现状，污染源状况，河流的水文、水资源情况，以及水厂水处理设施、工艺情况等，还需要适时做进一步修改完善，制定出符合自身实际、有针对性的应急预案。加强环境事故风险防范能力，加强对处理突发水污染事件的演练，避免或防止水源污染，并做好相关衔接工作。做到有的放矢，有备无患，保障居民生活用水安全。

其中，管理部门在2019—2020年修改完善应急预案编制及演练，包括突发水污染事件、洪水和干旱等特殊条件下供水安全保障应急演练。

8.2.4 加强管理队伍建设

8.2.4.1 管理人员与制度

1.加强执法队伍建设

为加强丰收坝水厂水源地的环境保护，2019—2020年建设了一支专门的执法队伍——机构编制、装备建设标准化，交通、通信工具齐备，能够在突发性环境污染事故发生或受理举报后第一时间到达现场，并能够及时采集影像、声音的证据。

2.提高执法能力

保障执法经费,强化监管队伍建设,修订和完善监察规章制度,规范监察工作程序。加强执法队伍的人员业务素质和法律意识的培养,对相关执法人员定期进行业务和法制培训。

3.建立监督管理制度

为了有效实施对水源地的环境监督管理,需建立相关的管理制度和配备相应的管理条件。建立巡查制度,定期对水源保护区陆域、水域进行巡查,发现问题及时处理。配备必要的巡查设施,为巡查配备必要的水陆交通工具和通信工具,水上交通工具应不污染水源。

4.制定解决和处理措施

对日常巡查工作中发现的一般问题制定解决和处理的程序、措施。根据法律法规的要求以及技术的进步,不断对参与解决和处理的有关人员进行必要的专业技术培训。制定考核制度,对管理方式、管理成本、管理效果进行考核,进行相关的研究,通过对一定时间内和一定方式下的管理进行总结,结合相关水源环境保护管理理论,研究出适合当地社会、经济、环境条件的管理模式。

8.2.4.2 管理设施与装备

工程管理设施包括:水质监测设施及其自动化系统、通信设施、环境监测设施、生产区永久房屋设施、巡逻车辆、船只等。

1.交通工具

交通工具数量按照工程需要及有关规定来确定,配备巡逻车3辆和巡逻船1艘。建设方案规划巡逻车3辆,投资费用90万元,巡逻船1艘,投资费用60万元。

2.信息采集、传输、发布、通信设施

建立大渡口区饮用水水源环境监测自动化体系。饮用水水源地管理体系需配备通信工具和现代化信息处理设备,保障信息安全快速传递。

8.2.5 保护区交通设施管理

目前,在丰收坝水厂水源地一级、二级和准保护区范围内,没有横跨长江的交通桥。但是,在取水口上游准保护区范围内,分布有公路桥和铁路桥各1座,与取水口距离分别为4.8 km和5 km。桥面流水通过设置在交通桥面的排水口直接排入河流水体内,没有设置雨水收集处置设施。如果桥面上出现交通事件,汽油、柴油等液体也会通过桥面排水口直接流入长江水体,但由于距离取水口较远,桥梁均在准保护区以外,对饮用水水源地水质影响较小。

为了避免交通桥上发生交通事故,造成车辆坠入河道,严重污染水源地水质的事件,交警部门严格控制车辆在交通桥上的行驶速度,严禁载有危险品的车辆从保护区内的桥上通行,并按相关规范要求复核交通桥的防护墙强度。

8.2.6 保障管理运行资金

目前,丰收坝水厂水源地已建立稳定的资金投入机制。主要涉及以下两方面。

8.2.6.1 财政保障

国家财政支持。饮用水水源地安全是人类生存的根本,是关系每个人民的公益性大事,积极争取国家财政的支持,从有关部门或者专项基金取得资金。

地方自筹。大渡口区政府每年从各项财政收入中,安排专项资金进行水源地保护建设,确保项目得以顺利实施。

8.2.6.2 水资源保护专项资金,集中财力推进水环境保护重点工程

将饮用水水源地保护工程纳入国民经济和社会发展规划及全区重点工程建设计划,工程投资金额、投资所占总投入比例和GDP比例应纳入规划予以明确,以保障生态环境建设、河岸整治工程建设等资金投入,集中财力推进水环境保护重点工程,提高资金使用效率。

8.3 丰收坝水厂水源地保护技术措施体系

8.3.1 封闭管理及设立界标

8.3.1.1 隔离防护工程

丰收坝水厂水源地现在已布置隔离网,以防止取水泵房周边渔民或者游客在水源地周边捕鱼、游玩,对饮用水水源地水质产生负面影响。

根据《重庆市水利局办公室关于做好重要饮用水水源地安全保障达标建设

和2016年自查评估工作的通知》,2017—2018年投资70万元,对一级保护区陆域范围进行全封闭管理,完善界标、警示标志以及隔离防护设施。根据一级保护区陆域范围,此水源地隔离防护网建设长度约为1 000 m。

8.3.1.2 宣传警示、标志工程

根据《重庆市水利局办公室关于做好重要饮用水水源地安全保障达标建设和2016年自查评估工作的通知》、《饮用水水源保护区标志技术要求》(HJ/T 433—2018),结合大渡口区建设基本情况,切实保护饮用水水源,在丰收坝水厂水源地保护区内设置宣传警示标志工程。

丰收坝水厂水源地主要是以长江干流为主体,保护区取水点共划分为6段,其中,饮用水水源一级保护区2段,二级保护区2段,准保护区2段。因此该水源地标志牌共包括3类:界标(含一级和二级水源保护区)、交通警示牌(含一级、二级水源保护区道路警示牌和航道警示牌)和宣传牌。

1.界牌安装

丰收坝水厂水源地保护区为河道型,界牌安装在岸边边界处。水源地范围内共有一级保护区2段,二级保护区2段,准保护区2段,因此,在各段保护区岸边分界点处设界牌,共计6个。

界牌采用1.6 m×1.2 m的不锈钢牌,主要内容介绍大渡口城区饮用水水源保护区的地形地貌、划分情况及相关的管理要求等。

2.道路警示牌安装

丰收坝水厂水源地保护区涉及城区交通道路,因此在大渡口区滨江路、成渝铁路分别设置2块交通警示牌,共计4块。具体选址要符合《道路交通标志和标线》(GB 5768—2009)的要求。

3.航道警示牌安装

丰收坝水厂水源地保护区涉及长江航道,因此在丰收坝水厂取水口立1块航道警示牌,具体选址要满足《内河助航标志》(GB 5863—1993)的要求。

4.宣传牌安装

在大渡口区滨江路设立2块宣传牌。具体安置要符合《公共信息导向系统设置原则与要求》(GB/T 15566)与《道路交通标志和标线》(GB 5768—2009)的要求。依据饮用水水源地保护标志技术要求:保护区标志包括图形符号、文字和

颜色等,用于向相关人群传递饮用水水源保护区的相关规定和消息,以保护饮用水水源地。遵循标志牌的材质耐久、经济的原则,丰收坝水厂水源地保护区宣传牌选用铝合金牌,标志牌表面采用反光材料,反光性能按照《道路交通标志和标线》(GB 5768—2009)执行。

8.3.2 水源地保护宣传教育及其他

在保护区设立保护区宣传牌进行水源保护宣传教育,应根据丰收坝水厂水源地保护区的实际情况设计宣传牌上的图形和文字,介绍保护区的保护现状、管理要求等,同时还应在宣传牌明显位置采用饮用水水源保护区图形标志,警示周边常住人口及旅游流动人口谨慎行为,使保护水源地成为每个人的自觉行为。

饮用水水源地保护涉及千家万户,关系人民群众生命财产安全,是一项重大的民生工程。充分利用报纸、电视等媒体,广范围、大密度宣传饮用水水源地保护的重要性,不断提高社会各界保护水源地的积极性、主动性。通过宣传教育,提高公众参与意识、社会监督意识和环保维权意识,为大渡口区饮用水水源地保护工作营造良好的社会氛围。主要对水源地保护区及周边居民宣传在划定的一、二级保护区范围内应采取的保护措施、生产生活注意事项等。具体内容有:

①编辑出版《长江丰收坝水厂水源地环境保护》宣传手册,发行范围包括保护区内有关企事业单位,印刷数量为5000份左右。

②委托编辑出版光盘、音像资料,用于宣传水源地风光、资源、历史、人文与环境的关系以及与环境保护内容相关的法律法规和规章制度,可有偿低价发行销售。

③充分利用广播电视媒体进行水源地保护区广告宣传。

④2017—2020年期间,到大渡口区重要街道、镇,每年至少实施1次水源地保护宣传教育工作。

8.3.3 保护区综合整治

保护区综合整治包括一级保护区综合整治、二级保护区综合整治以及准保护区综合整治。2017—2018年期间,丰收坝水厂水源地开展的规划整治内容如下。

8.3.3.1 保护区陆域餐饮专项整治

为保障丰收坝水厂水源地安全,由大渡口区环保局、区农委、区城市管理局牵头,区城乡建委、区规划分局、区经信委、区交委、区国土资源局、区教委、区文化委、各相关排污单位等配合,彻底查处该保护区范围内农家乐等废污水不当排放行为。

8.3.3.2 采砂船和砂场整治

按照《中华人民共和国河道管理条例》《重庆市河道采砂管理办法》等,建立长效监督管理机制,解决长江河道乱采乱挖问题,划定采砂范围,规范挖沙作业,严禁在饮用水水源一级保护区内采砂,严厉打击江面各类违法行为,确保饮用水水源安全。

8.3.3.3 农业面源污染治理

根据现场踏勘,在丰收坝水厂水源地一级保护区范围内,存在附近居民在江滩开荒种菜的情况。为保障大渡口区饮用水水源安全,由区环保局、区农委、区城市管理局牵头,区城乡建委、区规划分局、区经信委、区交委、区国土资源局、区教委、区文化委协助配合,劝阻和禁止保护区范围内存在的违法开垦菜地行为,以最大程度地减少农业面源污染直接进入水源地一级保护区。

8.3.3.4 提升保护区植被覆盖率

尽管目前没有关于水源地保护区植被覆盖率相关文件及相应强制性措施,但是保护区内的植被覆盖度高不仅可以减缓污染物进入水源地,还能起到一定的降解作用。因此,根据《重庆市水利局办公室关于做好重要饮用水水源地安全保障达标建设和2016年自查评估工作的通知》,2017—2020年大渡口区对水源地一级保护区内适宜绿化的陆域开展绿化工作,植被覆盖率达到80%以上,二级保护区内适宜绿化的陆域植被覆盖率逐步提高。

8.3.4 强化水源地在线监控

8.3.4.1 建立巡查制度

目前,该水源地已编制水源地巡查制度,定期记录重庆市自来水有限公司丰收坝水厂水源保护区巡视记录表。安排工作人员在饮用水水源一级保护区实行逐日巡查,二级保护区实行不定期巡查,做好巡查记录,发现问题及时处理。为巡查配备必要的水陆交通工具和通信工具,水上交通工具应不污染水源。

8.3.4.2　建设水质在线监测系统

1.升级改造大渡口区水质监测中心

大渡口区农业委员会现建有水质监测中心,能够对水样进行一些常规项目分析,包括水温、pH、电导率、溶解氧、氨氮、氰化物、砷、挥发酚、汞、六价铬、镉、铅、铜、锌、氟化物、高锰酸盐指数、总磷、粪大肠菌群、石油类、BOD_5、氯化物、悬浮物、硫酸盐、碳酸根、重碳酸根、矿化度、总硬度、总碱度、钙、镁、钾、钠等36项监测指标。2018年,大渡口区水质监测中心投资650万元实施改造升级,主要建设内容包括新仪器设备购置、监测人员聘用、水质监测新技术能力建设等方面。

2.信息监控系统(水质自动监测系统)建设工程量

根据《重庆市水利局办公室关于做好重要饮用水水源地安全保障达标建设和2016年自查评估工作的通知》的要求,结合长江丰收坝水厂重要饮用水水源地的实际需求,2017—2018年期间完善长江丰收坝水厂重要饮用水水源地在线监测设备及系统的建设,实施在线监测。

新建1个水质自动监测站需配置五参数、重金属(铜、铅、锌、镉)、高锰酸盐指数监测仪器,氨氮和总磷分析仪、系统集成(包括取水系统、配水/预处理系统、辅助系统、数据采集/控制系统、数据处理/传输系统等)、质量保证控制仪器等仪器设备。监测系统工程量、监测设备工程量(单套)见表8.3-1、表8.3-2。

表8.3-1　监测系统工程量

监控管理中心硬件				
序号	设备名称	单位	数量	备注
1	数据库服务器	套	1	数据库专用
2	数据采集服务器	套	1	监控采集专用
3	通信服务器	台	1	销售量前三位品牌台式机,双核CPU×2,2G内存,2×250G硬盘。运行通信服务软件
4	备份服务器	台	1	机架式磁带备份阵列柜
5	液晶显示器	台	1	屏幕尺寸:52英寸;屏幕比例:16:9;屏幕分辨率:1920×1080;是否倍速驱动:100 Hz倍速;VGA接口
6	短信报警服务器	套	1	可并入其他服务器中

续表

监控管理中心硬件				
序号	设备名称	单位	数量	备注
7	路由器	台	1	8路
8	在线式UPS电源	台	1	额定容量2kVA,在线式UPS,阀控式铅蓄电池
9	职能控制柜(含现场工控机)	台	1	P4 2.4G,512M,80G,DVD刻录机,1.44软驱 SONY,PS2 鼠标键盘, 10/100M网卡,56k MODEM ,Windows server 2000,可容纳3个5.25"和1个3.5"以上的前端抽取驱动器,支持软件300W ATX PS/2 电源和300WATX PFC冗余电源,300W工业电源
10	防雷接地配件	台	1	电池箱
11	稳压电源	组	2	100AH
12	附材	项	1	附材
13	机柜	台	1	42U
14	操作台	个	1	钢制,四联
15	电视墙	组	1	钢制,可以观看16路视频
16	客服端主机	台	1	方便各级网络管理,可以自备
17	磁盘列阵	台	1	MD120010*1TSAS,2*HBA

监控管理中心软件				
序号	设备名称	单位	数量	备注
1	数据采集接收系统	套	1	数据采集接收软件
2	在线监控系统	套	1	在线监控软件
3	在线监控集成报警系统	套	1	集成报警软件
4	在线监控系统设备驱动	套	1	在线监控系统设备驱动协议开发
5	等时等比取样系统	套	1	能过滤固体颗粒,采用较先进的技术进行水样的预处理。可以实现等时间、等流量比例取样和紧急瞬时取样等多种取样方式
6	自动清洗系统	套	1	具有反向清洗水样过滤器和取水管道的功能
7	自动留样系统	套	1	具有自动留样、自动排空及门禁系统的功能,带冷藏,能连续保存24个样,每次取样至少500 mL。能实现超标留样、常规留样、紧急留样等多种留样方式

续表

监控管理中心软件				
序号	设备名称	单位	数量	备注
8	纯水制备系统	套	1	电阻率18.25 MΩ,25℃,TOC < 10ppb(ppb为十亿分之一),微生物 < 1cfu/mL(选配),颗粒(>0.22μm) < 1个/mL
9	控制系统及集成技术	套	1	对子站配置的分析仪器按要求进行集成,实现对监测子站水质、水量的在线测定,按要求进行数据处理及传输
10	操作系统	套	1	Windows操作系统
11	数据库服务器软件	套	1	数据库
12	病毒防火墙	套	1	病毒防火墙

表8.3-2　监测设备工程量(单套)

取水设备				
序号	设备名称	单位	数量	备注
1	钢丝增强软管	m	500	ID32
2	UPVC	m	500	DN25
3	水泵(采水系统)	个	5	取样泵(一备一用),相应仪表及管道、阀门和开关等,以及清洗防堵配套设施
分析仪器				
序号	设备名称	单位	数量	备注
1	高锰酸盐指数分析仪	套	1	高锰酸盐指数在线分析仪,量程:0—20mg/L;0—200mg/L
2	氨氮分析仪	套	1	氨氮在线分析仪,量程:0—5mg/L;0—50mg/Ll;0—300mg/L
3	总磷总氮分析仪	套	1	
4	五参数分析仪	套	1	
5	重金属分析仪	套	1	重金属在线测定仪,量程:锌,0.5ppb—32ppm(ppm为百万分之一);铅,0.5ppb—30ppm;镉,0.5ppb—30ppm;铜,0.5ppb—32ppm

续表

数据采集控制系统仪器				
序号	设备名称	单位	数量	备注
1	工控机	套	1	
2	PCI数据采集卡	套	1	
3	继电器	个	1	
4	交流接触器	个	1	
5	24V直流电源模块	块	1	
6	现场监控软件	套	1	
7	数据GPRS无线传输模块	个	1	通过GPRS无线传输基站采集数据到监控中心
8	RS232集线器	个	1	含3口的RS232接口,可接CODcr分析仪、流量计、pH分析仪

辅助系统设备				
序号	设备名称	单位	数量	备注
1	UPS电源	套	1	自动上电,并根据温度要求自动运行,功率为2匹左右的空调
2	空调机	台	1	
3	消防系统	套	1	三相电源第二级防雷
4	三相电源第二级防雷保护系统	套	1	3 mm×30 mm
5	接地铜带	米	10	10 cm
6	绝缘子	套	10	8 mm×100 mm×400 mm
7	镀锡汇地母排	套	1	50 mm
8	防雷引下地线	米	30	4 mm×40 mm×400 mm+2000 mm扁钢
9	接地端子	项	1	定制
10	地网制作	项	1	

注:监测设备需1套。

8.3.5 提升饮用水水源突发事件应急处理能力

根据现场调查及收集的各水源地取水单位2016年自查报告,结合《重庆市水利局办公室关于做好重要饮用水水源地安全保障达标建设和2016年自查评估工作的通知》要求,饮用水水源地应加强针对突发污染事件及藻华等水质异常现象的应急监测能力建设,具备预警和突发事件发生时,加密监测和增加监测项目的应急监测能力。水质应急监测主要指突发性水污染事故和洪(退)水期的水质监测。突发性水环境污染事故,尤其是有毒有害化学物品的泄漏事故,往往会对水生态环境造成极大危害,并且会直接危害人类生命安全。此外,洪水期与退水期的水质变化大,做好这一时期的水质监测也是确保水源地水质安全的一大保障。

丰收坝水厂水源地安全保障建设前期,应急监测能力不够完善,缺乏现场监测设备,应急监测能力薄弱,需加大投入购买应急监测设备。因此,2017—2018年,投资207.9万元,用于水源地应急监测。遇到突发事故时,监测人员可以根据现场布点采样,利用监测试管和便携式检测仪器等在较短时间内得出监测结果并采取应对措施。

8.4 丰收坝水厂水源地安全保障达标综合评价

8.4.1 综合评价标准

根据《重庆市水利局办公室关于做好重要饮用水水源地安全保障达标建设和2016年自查评估工作的通知》,确定饮用水水源地安全保障评估综合得分为水量目标、水质目标、监控目标和管理目标四项指标得分的总和。按照得分多少,分为优、良、中、差四级,饮用水水源地综合评估结果分级见表8.4-1。

表8.4-1 重要饮用水水源地综合评估结果分级表

级别	优	良	中	差
得分	≥90	80≤得分<90	60≤得分<80	<60

8.4.2 综合评价结果

以2018年的丰收坝水厂水源地为例,对其现状的四项指标进行评分,具体情况见表8.4-2。

表8.4-2　2018年丰收坝水厂水源地情况表

序号	一级指标	二级指标及评分		现状情况及得分		规划项目及得分		
		评分项目	评分上限	现状情况	得分	2017—2018 规划项目情况	2019—2020 规划项目情况	得分
1.1	水量目标	年度供水保证率	14	供水保证率在95%以上	14			14
1.2		应急备用水源地建设	8	无应急备用水源地	0	规划应急备用水源地建设	完善应急备用水源地建设	8
1.3		水量调度管理	4	未编制调度方案，遇紧急情况能优先满足饮用水供水要求	2	编制《大渡口区缺水时期水资源应急调度方案》		4
1.4		供水设施运行	4	供水设施完好，取水和输水工程运行安全	4	规划供水设施整治	规划供水设施整治	4
2.1	水质目标	取水口水质达标	20	水质达标，且监测频率能满足要求	20			20
2.2		封闭管理及界标设立	4	取水口周边已实行封闭措施	4	补充完善准保护区界标设立		4
2.3		入河排污口设置	3	无排污口	3			3
2.4		一级保护区综合治理	3	没有与供水设施和保护水源无关的项目	3			3
2.5		二级保护区综合治理	2	没有排放污染物的项目	2			2
2.6		准保护区综合治理	2	没有对水土严重污染的项目	2			2
2.7		使用含磷洗涤剂、农药和化肥等	2	没有使用含磷洗涤剂、农药，但使用少量化肥	2			2
2.8		保护区交通设施管理	3	有交通警示牌，但设置不完善	3	完善道路交通警示牌		3
2.9		保护区植被覆盖率	1	覆盖情况较好	1			1

序号	一级指标	二级指标及评分		现状情况及得分		规划项目及得分		
		评分项目	评分上限	现状情况	得分	2017—2018规划项目情况	2019—2020规划项目情况	得分
3.1	监控目标	视频监控	2	已安装监控设备	2			2
3.2		巡查制度	2	已编制水源地保护区巡查制度	2			2
3.3		特定指标监测	3	对特定指标进行监测	3			3
3.4		在线监测	3	有水量水质监测系统,但不完善	3	有水量水质监测系统,但需要完善		3
3.5		信息监控系统	2	有信息控制系统,但不完善	2	完善信息控制系统		2
3.6		应急监测能力	3	有应急监测能力	3			3
4.1	管理目标	保护区划分	3	保护区已实施划分	3	增加准保护区划分		3
4.2		部门联动机制	2	已建立部门联动机制,但不完善	2		建立部门联动机制	2
4.3		法规体系	2	已制定相关法律法规,但不完善	2		制定相关法律法规	2
4.4		应急预案及演练	3	已开展应急预案及演练,但不完善	3		开展应急预案及演练	3
4.5		管理队伍	3	人员配备到位,但培训不足	3		完善管理队伍及经费	3
4.6		资金保障	2	有稳定的资金投入	2			2
合计			100		90		100	

8.4.2.1 现状评分

根据表 8.4-3 可知,丰收坝水厂水源地综合评估总分为 90 分,现状评分等级为优。

表8.4-3 重要饮用水水源地现状得分情况

水源地	水量目标	水质目标	监控目标	管理目标	总分	评分等级
丰收坝水厂水源地	20	40	15	15	90	优

8.4.2.2 水源地达标建设完成后评分

根据表8.4-4可知,丰收坝水厂水源地达标建设完成后开展综合评分可达到100分,评分等级为优。

表8.4-4 重要饮用水水源地建设方案完成后得分情况

水源地	水量目标	水质目标	监控目标	管理目标	总分	评分等级
丰收坝水厂水源地	30	40	15	15	100	优

长江流域片内列入国家重要饮用水水源地名录的水源地共221个,其中水库型水源地73个,湖泊型水源地4个,两种类型水源地占名录水源地总数的34.84%。贵州省红枫湖水库、百花湖水库和阿哈水库简称为"两湖一库",是贵阳市和周边人民主要的生活饮用水以及旅游、养殖、发电及工农业用水水源。其中,红枫湖水库水源地位于猫跳河,是第三批进入《全国重要饮用水水源地名录》的国家级水源地,也是《全国重要饮用水水源地名录》(2016年)中复核的满足全国供水人口20万以上的地表水饮用水水源地。

因此,本章选取贵州省红枫湖重要水源地为长江流域湖库型水源地分析对象。围绕该湖库型水源地近年来开展的安全保障工作,分析红枫湖水库水源地所采取水量、水质、监控、管理等安全保障措施的实施效果,可为长江流域湖库型水源地安全保障措施体系的推广应用提供参考和借鉴。

9.1 红枫湖水库水源地概况

9.1.1 水库概况

红枫湖水库位于贵州省贵阳市中心以西28 km,贵阳市清镇市和安顺市的平坝区、贵安新区境内,地理坐标东经105°58′06.34″—106°38′04.03″之间,北纬26°09′00.42″—26°41′37.87″之间,建于20世纪50年代末期,是中华人民共和国成立后在乌江水系支流猫跳河进行梯级开发而形成的省内面积最大的高原人工水库之一,位于梯级开发的第一级,是国务院1988年批准的国家级风景名胜区。水库坝址以上集雨面积1596 km²,主要由羊昌河、麻线河、后六河和桃花源河汇流而成。其中,羊昌河是猫跳河上游主要河流,发源于安顺市西秀区头铺乡,至红枫湖焦家桥处汇入红枫湖,全长91 km,多年平均流量11.8 m³/s;麦翁河(桃花源河)发源于安顺市西秀区蔡官镇塘官,经平坝区乐平乡、十字乡等地于麦翁断面汇入红枫湖,全长51.8 km,多年平均流量3.8 m³/s;麻线河发源于黔南州长顺县广顺镇"七一"水库,经平坝区乐歌青鱼塘,于清镇奶牛场处汇入红枫湖,河长25.2 km,多年平均流量4.13 m³/s;后六河又称马场河,发源于平坝区马路乡狗场坝,在场边寨汇入红枫湖,河长23.3 km,多年平均流量1.44 m³/s。

红枫湖湖面由北湖、南湖、后湖和中湖组成。其中,南湖湖面狭长,湖岸线蜿蜒曲折,湖底地形复杂;后湖与南湖陆域有山体分隔,但水域通过地下溶洞与南湖相连,受人为干扰影响较小。坝高52.5 m,设计正常水位1240 m,相应水面面积57.2 km²,库容6.01亿m³,湖泊长度16 km,湖岸线长143 km;平均宽度4 km,最大水深45 m,平均深度10.5 m,死水位1227.5 m,对应库容1.59亿m³,枯水期(12月至次年2月)1228 m,涨水期(3月至5月)1237 m,丰水期(6月至8月)1233 m,平水期(9月至11月)1230 m。红枫湖总有效库容4.42亿m³。大坝电站装机容量2万kW,2001年起是西郊水厂水源地。水库实景图见图9.1-1,流域水系图见图9.1-2。

图9.1-1 红枫湖南湖一角

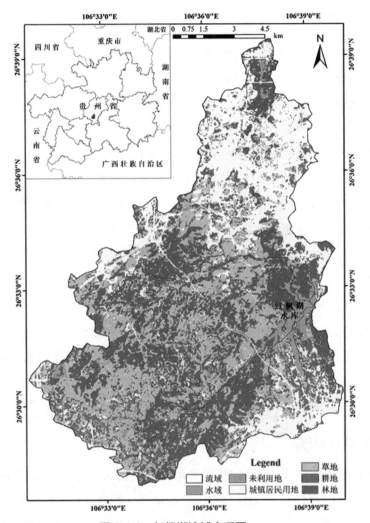

图9.1-2 红枫湖流域水系图

红枫湖水库建库40多年来,随着工农业的迅速发展和城市化进程的加快,湖泊功能由初建期的单一调蓄功能,逐渐转变为城市居民生活用水、工业用水、农业灌溉、发电,兼顾环保型旅游等多项功能。水库功能丰富是流域开发活动加剧的直接体现,同时也导致流域范围内工业废水和生活污水排放量日益增加。在水源地保护意识较弱的阶段,排入红枫湖水体中的营养盐逐年增多,甚至一度远远超出了水体的最大承载力,造成了水体富营养化,威胁到区域供水、生态安全,人民身体健康和社会稳定。

9.1.2 流域特征

红枫湖水库所在猫跳河流域区地处云贵高原苗岭山脉北坡,海拔1180—1720 m,属中亚热带常绿阔叶林亚带、生物气候带,区内自然环境特征差异明显,分属贵州省安顺市的西秀区、平坝县(今平坝区)和黔南州长顺县的广顺镇行政辖区和贵阳市的清镇市。

整个流域以喀斯特地貌为主(占到85%),岩溶发育,生态脆弱,生态环境不稳定。在高温多雨的条件下,流域发育的原生植被类型为中亚热带常绿阔叶林。目前,自然植被以次生植被为主,森林植被主要是以马尾松为主的针叶林,喀斯特峰丛峰林上的藤刺灌丛及灌草丛植被也有较大面积分布。在面积较大的盆谷洼地地区,除各类建设用地外,主要是一年二熟农田植被。

流域内耕地面积占15.4%,农业植被覆盖率较大,森林覆盖率不高,生态功能低下,水土涵养能力较差,尤其是在雨季雨水的冲刷下,加剧对湖体的污染。在坡耕地和坡度较陡的低中覆盖度草地上,人类活动导致土壤侵蚀均有不同程度的发生,危害着坡下的良田沃土,也危害着水库的水质,导致水土流失面积达30%。由于不合理的人类活动,土壤侵蚀和植被破坏导致喀斯特区出现喀斯特石漠化。红枫湖流域DEM(数字高程模型)图见图9.1-3。

9.1.3 区域气候

根据水库流域及附近的清镇、平坝、安顺、白云气象站统计资料,流域内年均气温14.4℃,极端最高气温34.5℃,极端最低气温-8.6℃。年均降水量1174.7—1386.1 mm,最大年均降水量1637.0—1879.6 mm,最小年均降水量699.1—947.6 mm。平均无霜期270 d,平均日照时数1264.4 h/a,平均相对湿度80%。灾害性天气主要有低温冷害、春旱、伏旱、冰雹等。

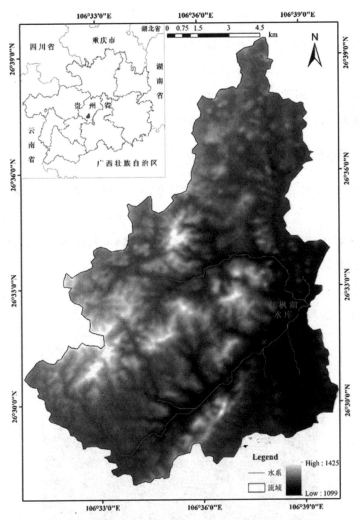

图9.1-3　红枫湖流域DEM图

9.2 2016年以前红枫湖水库开展水源地保护工作情况

为加强饮用水水源地保护,2011年,水利部印发了《关于开展全国重要饮用水水源地安全保障达标建设的通知》,随文提出了《全国重要饮用水水源地安全保障达标建设目标要求(试行)》,要求各地力争用5年时间,将列入名录的全国重要饮用水水源地建设达到"水量保证、水质合格、监控完备、制度健全"的目标,初步建成重要饮用水水源地安全保障体系。

实际上，贵州省人民政府早在2004年10月，就以黔府函〔2004〕271号文对《红枫湖、百花湖饮用水水源保护区划定方案》进行批复。将两湖水资源环境保护范围划分为饮用水水源保护区和外围保护区，其中饮用水水源保护区以饮用水集中式取水点为中心，划分为一级保护区、二级保护区和准保护区。根据相关资料，在该阶段内的水源地保护概况具体包括以下内容。

9.2.1 保护区面积划分

红枫湖水库水源地保护区由一级保护区、二级保护区和准保护区组成。其中：

一级保护区：面积31.93 km²（其中水域面积13 km²），陆域周长22.37 km。

二级保护区：面积132.27 km²。

准保护区：面积359.52 km²（含红枫湖和百花湖）。

各保护区的覆盖范围见图9.2-1所示。

图9.2-1　红枫湖水库水源地保护区范围图

9.2.2 保护区内人类活动概况

自红枫湖水库建成以来,随着其水资源利用程度的提高,流域内相继建成了电力、化工(肥)、机械、建材、煤炭等大中型及骨干企业27家,医院、学校和旅游企业等10余家,逐步形成20余个主要人口集镇。

至2013年,红枫湖一级保护区内:建设项目5个(清电灰厂、清电职工医院、清镇市国佳矿产资源开发有限公司、天筑绿色墙材、兴达种养殖场);取水点6个;村民组17个,常住人口0.43万人;耕地面积0.12万亩;工业排污口1个;工业废渣堆放点1个;生活垃圾堆放点4个。二级保护区内:建设项目12个;村民组80个,常住人口3.2万人;耕地面积2.58万亩;取水点18个;企业2家。准保护区内:清镇市和平坝县的84个行政村477个村民组,人口约15万人,其中农业人口11万人,耕地约10万亩;工业排口8个;企业13家;工业废渣堆放点4个;高峰机械厂、红湖机械厂和平水机械厂等3家大型企业的工业废水都排向红枫湖或羊昌河。

9.2.3 流域监测

全流域内,最终汇入红枫湖的水源有支流和沟渠两类,其中直接入湖的自然沟渠有9条,汇入四大支流羊昌河、麻线河、后六河和桃花源河的自然沟渠有16条。按照水质监测需要,设置了偏山寨、腰洞、三岔河、后午、西郊水厂、花鱼洞和大坝7处常规监测断面。

9.2.4 取用水情况

红枫湖是贵阳市重要集中式饮用水水源地,最大取水户是始建于2002年的贵阳市西郊水厂,设计供水能力40万t/d。2013年时,红枫湖每天向贵阳供水25万t。除西郊水厂以外,红枫湖库区范围内还有66个取水点。根据相关调查资料,这些取水点按使用主体分,企业取水点21个,农村生活农灌取水点46个;按保护区级别分,一级保护区内取水点6个,二级保护区内取水点18个,准保护区内取水点43个。

9.2.5 水源地保护措施

2004年到2015年,红枫湖水库水源地采取的相关工程类保护措施主要有:一是围绕水量保障要求,保障取水水源的安全稳定;二是围绕水质安全要求,实施水源地污染综合整治和水源涵养林带建设;三是围绕水质保障要求,实施水源地预测预警设施建设。红枫湖水库水源地采取的相关非工程类保护措施主要有:一是以统一管理作平台。二是以管理红线为依据。三是以应急预案作保障。

9.2.6 取得的效果

9.2.6.1 水环境质量得到改善

红枫湖水库由2000年到2007年水质逐渐由Ⅱ类或Ⅲ类恶化到Ⅴ类或劣Ⅴ类,其中2007年所有监测断面的水质均未达标,超标污染物主要为总磷、氨氮。另外,丰水期总氮超标倍数较高。分析其主要原因,一方面是城市面源污染,另一方面是农业面源污染。城市面源污染途径主要是初期雨水冲刷地面,形成含污染物较高的地表径流、排水沟溢流和排水沟底泥被冲出后流入地表水体。农业面源污染是在雨季农药和化肥等大量汇入地表水体,造成水体中总氮超标。红枫湖水库2000—2007年水质情况见表9.2-1。

表9.2-1　红枫湖水库2000—2007年水质情况表

断面名称	目标水质	监测结果与超标项目	时间							
			2000年	2001年	2002年	2003年	2004年	2005年	2006年	2007年
大坝	Ⅲ	监测结果	Ⅲ	Ⅲ	Ⅲ	Ⅲ	Ⅳ	Ⅳ	Ⅳ	Ⅴ
		超标项目	—	—	—	—	COD_{MN}、石油类	TP	TP	TP
腰洞	Ⅲ	监测结果	劣Ⅴ	Ⅲ	Ⅲ	Ⅴ	劣Ⅴ	Ⅴ	Ⅱ	劣Ⅴ
		超标项目	氨氮、非离子氨	—	—	氨氮	氨氮、石油类	氨氮	—	氨氮、TP
花鱼洞	Ⅲ	监测结果	Ⅱ	Ⅲ	Ⅲ	Ⅲ	Ⅲ	Ⅲ	Ⅴ	Ⅴ
		超标项目	—	—	—	—	—	—	TP	TP
后午	Ⅱ	监测结果	Ⅲ	Ⅲ	Ⅱ	Ⅱ	Ⅲ	Ⅳ	Ⅴ	Ⅴ
		超标项目	TP	DO	—	—	DO	TP	TP	TP
三岔河	Ⅲ	监测结果	Ⅲ	Ⅱ	Ⅲ	Ⅲ	Ⅲ	Ⅳ	劣Ⅴ	劣Ⅴ
		超标项目	—	—	—	—	—	TP	TP	TP

断面名称	目标水质	监测结果与超标项目	时间							
			2000年	2001年	2002年	2003年	2004年	2005年	2006年	2007年
偏山寨	Ⅲ	监测结果	劣Ⅴ	Ⅲ	Ⅲ	劣Ⅴ	劣Ⅴ	劣Ⅴ	劣Ⅴ	劣Ⅴ
		超标项目	氨氮、非离子氨	—	—	氨氮、F	氨氮	氨氮	氨氮、TP	氨氮、TP
焦家桥	Ⅲ	监测结果	劣Ⅴ	Ⅲ	Ⅲ	Ⅴ	Ⅲ	劣Ⅴ	劣Ⅴ	劣Ⅴ
		超标项目	DO、氨氮、非离子氨、TP	—	—	TP	—	TP	TP	氨氮、TP

根据贵阳市两湖一库环境保护监测站自行开展的监测结果(表9.2-2),按照《地表水环境质量评价办法(试行)》,2010年以前,红枫湖水质主要以总磷污染为主,2011—2013年,红枫湖水质整体评价为Ⅲ类,2014—2015年,整体评价为Ⅱ类,无年均值超标指标。

表9.2-2 红枫湖水质2007年至2016年5月整体评价

时间	规定类别	实达类别	年均值超标污染物
2007年	Ⅲ	Ⅴ	总磷
2008年	Ⅲ	Ⅳ	总磷
2009年	Ⅲ	Ⅳ	总磷
2010年	Ⅲ	Ⅲ	
2011年	Ⅲ	Ⅲ	
2012年	Ⅲ	Ⅲ	
2013年	Ⅲ	Ⅲ	
2014年	Ⅲ	Ⅱ	
2015年	Ⅲ	Ⅱ	
2016年1月至5月	Ⅲ	Ⅱ	

9.2.6.2 水源地管理正规化

水源地管理的相关工作,主要是采用非工程措施。红枫湖水库水源地保护主要从四个方面开展相关管理工作。

一是建立统一的管理工作平台。

二是落实最严格水资源管理制度,做好保障水源地水量水质安全城镇生活污水收集管网建设,形成较为完善的污水收集系统。

三是组织开展各相关部门突发环境事件应急演练,提高环境应急管理救援水平,完善应急救援体系,增强饮用水水源应急联动救援体系的可行性、紧密性和可靠性。

四是加强舆论宣传引导。在水源保护区内设置警示牌,发放宣传资料,开展节水宣传活动等。

9.2.6.3 水源地自然生态恢复

红枫湖水库水源地开展的自然生态恢复工程措施,主要围绕贵州省国家重要饮用水水源地达标建设开展。一是围绕水量保障要求,保障取水水源的安全稳定;二是围绕着水质安全要求,实施水源地污染综合整治和水源涵养林带建设,开展河道治理工程和沿河两岸的村寨搬迁及国家湿地公园建设等工作;三是围绕水质保障要求,实施水源地预测预警设施建设。

9.2.7 存在的问题

按照《中华人民共和国地表水环境质量标准》(GB 3838—2002)Ⅲ类标准,2015年红枫湖支流达标率为79.2%,红枫湖羊昌河、后六河,百花湖南门河,水质不稳定,时常出现Ⅳ、Ⅴ类,甚至劣Ⅴ类的情况,其他若干支流、支沟也出现不同程度的污染。根据污染源调查分析结果,城镇生活污水是河流污染的主要来源,因此,城镇生活污水集中处理还需要进一步加强。

红枫湖保护区范围内共涉及574个村民组,农业人口约19万人,耕地8万余亩。生活垃圾、污水、畜禽养殖、农业种植污染防治设施薄弱,面源污染问题没有得到有效控制。

因历史原因和排放标准的差异性,尽管工业污染得到有力遏制,但偷排、漏排现象依然存在,在一级保护区未形成封闭保护,有大量人员常住,企业尚未完全关闭或搬离。环境风险在一定时期依然存在。

9.3 2016年以后红枫湖水库水源地生态系统保护工作

9.3.1 保护区范围调整情况

为贯彻落实好中央水利工作会议和《中共中央、国务院关于加快水利改革发展的决定》的要求,国务院于2012年1月12日出台了《国务院关于实行最严格水资源管理制度的意见》,以解决我国水资源短缺、水污染严重等问题。之后,为切实加大水污染防治力度,保障国家水安全,国务院于2015年4月2日出台了《国务院关于印发水污染防治行动计划的通知》,对饮用水水源地的保护提出了更加严格的要求。

自2004年开始启动的红枫湖水库水源地保护工作取得了明显成效,但在红枫湖首次纳入国家重要饮用水水源地名录后,其划分的保护区范围内人类活动频繁,尤其是一级保护区内还有工业企业,对水源地保护是极大的安全隐患。在《国务院关于实行最严格水资源管理制度的意见》实施后,贵州省人民政府严格落实相关政策措施。2014年12月,贵州省水利厅发布《关于开展全省重要饮用水水源地安全保障达标建设的通知》,对全省重要饮用水水源地开展安全保障达标建设工作。2015年,《省人民政府关于优化贵阳市红枫湖、阿哈水库和汪家大井集中式饮用水水源一级保护区范围的批复》对红枫湖水源保护区进行了优化。经优化后,保护区总面积保持不变,仍为567.34 km²(含百花湖),对一级保护区及二级保护区面积进行优化调整。其中,优化调整后一级保护区面积26.21 km²,二级保护区面积126.74 km²,准保护区面积414.39 km²(含百花湖)。

根据优化后的保护区范围,进一步改善红枫湖水库水源地水质、保障供水、构建良好的生态环境,提高水污染事件的防范和处置能力、水质安全监测能力和水库防洪能力,建立水源地长效保护管理机制,从而保证居民饮用水安全,有力地促进社会经济持续稳定和谐发展。贵阳市水务局委托贵州聚龙水利科技有限公司编制了《贵阳市红枫湖饮用水水源地达标建设实施方案》,保证红枫湖饮用水水源地能达到"水量保证、水质合格、监控完备、制度健全"标准。

9.3.2 封闭生态圈建设

为防止人、畜进入保护区,进行放牧、耕种、取砂取土、倾倒垃圾等破坏行为,避免人为破坏、投毒等恶性事件的发生,饮用水水源地一、二级保护区应设置管理防护措施。其中,一级保护区内有条件的应实行封闭管理,取水口和取水设施周边设置具有保护性功能的隔离防护设施(包括隔网、隔墙、防护栏等);一、二级保护区应设立明确的、明显的饮用水水源保护区标志。

2014年起,清镇市开始实施"退湖进城"房屋拆除工作,至2018年4月底,完成4个村7个村民组558户生态搬迁工作,共计拆除一级保护区范围内房屋建筑面积7.5万 m²。红枫湖一级保护区核心区内居民搬迁完后,实行全封闭隔离防护,具体措施包括取水口沿公路建设保护围墙2.6 km,墙高2.7 m,压顶0.3 m,总高3.0 m,山坡段建设隔离铁丝网2 km,高1.5 m。"退湖进城"工作全面完成后,红枫湖饮用水水源一级保护区严格按照水源地保护规范形成一道封闭的生态圈,正式成为生态"无人区",绿色"聚集区"。

自2017年4月,以零容忍的态度,依法强制拆除沿湖各类违法建筑,在红枫湖饮用水水源二级保护区内累计拆除违章建筑约12.2万 m²。其中,开展大型集中拆除行动14次,拆除违章建筑97栋,面积约9.2万 m²;巡查开展拆除200余次,拆除面积约3万 m²,实现违法建筑"零增长"。积极推动开展红枫湖饮用水水源二级保护区畜禽规模养殖搬迁转运整治行动,共清理养殖场185家,转运存栏鸡110万羽、猪105头、奶牛306头。至2018年4月底,对红枫湖饮用水水源保护区内的清镇油脂厂、塘关灰场治理项目、天筑绿色墙材、正和加气混凝土、红枫塑料包装和发恒木器厂等6家企业的生产设备实施拆除,对二级保护区范围内的20家农家乐依法实施了关停,并实行常态化巡查管控。

9.3.3 监测断面优化

红枫湖水库水源地库区范围内原有7个水质监测断面,分别为三岔河、后午、西郊水厂、花鱼洞、大坝、腰洞、偏山寨,为主要监测断面。为进一步加强管控,在已有的水质监测断面附近建设水文气象站,对红枫湖水位和基本气象指标进行监测。在4条重要入湖支流焦家桥(羊昌河)、清鱼塘(麻线河)、阿捞(后六河)、骆家桥(桃花源河)上加设水质监测断面。各水质监测断面位置见图9.3-1所示。

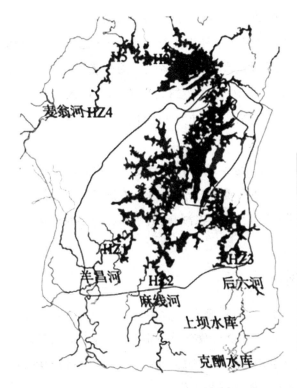

红枫湖地表水监测点

类别	编号	点位名称
库区	H1	大坝
	H2	腰洞
	H3	花鱼洞
	H4	后午
	H5	偏山寨
	H6	西郊水厂
	H7	三岔河
支流	HZ1	焦家桥(羊昌河)
	HZ2	清鱼塘(麻线河)
	HZ3	阿捞(阿捞河)
	HZ4	骆家桥(桃花园河)

图9.3-1　红枫湖水库水质断面布置图

9.4 红枫湖饮用水水源地保护建设经验

9.4.1 水源地保护工程措施

红枫湖开展水源地达标建设的工程措施有：

一是按照水量保障要求，保障取水水源的安全稳定。

二是按照水质安全要求，实施水源地污染综合整治和水源涵养林带建设。综合整治主要采取"关、迁、改、转"四个方面的措施，包括：①依法取缔、关停或搬迁保护区范围内的工业企业，拆除湖区水域内的养鱼网箱，拆除违章建筑；取缔保护区范围内的农家乐、烧烤点、畜禽养殖场。②实施生态移民搬迁。按照修改后的"两湖"条例规定，贵阳市对红枫湖一级保护区内的居民实施生态移民搬迁。2010年以来，贵州省共支出资金8.65亿元用于搬迁7个村民组558户村民，使该区域达到饮用水水源地一级保护区的相关要求。③实施村寨生活污水、生活垃圾治理。自2010年,贵阳市通过PPP模式累计引入社会资本1.8亿元,建设136套总规模约3255 t/d的污水处理系统及配套管网,以解决沿湖村寨的生活污水对红枫湖的污染问题,每年可削减COD210 t、氨氮28 t、总磷3 t。投入中央资金1500万元,对红枫湖流域所有村寨的生活垃圾进行回收处置,每天收集垃圾35 t以上。

三是按照水质保障要求,实施水源地预测预警设施建设。由贵阳市水务局牵头,水源地管理处实施并完成水源地水质监测,对水温、pH、溶解氧、电导率、浊度、COD、氨氮等多项水质指标进行监测,为红枫湖、阿哈水库和花溪河道水质安全提前预警提供有效信息。

9.4.2 水源地保护非工程措施

红枫湖开展水源地达标建设的非工程措施有:

一是以统一管理作为平台。建立健全行政首长负责制,完善水源地保护的部门联动、协作和会商机制,成立水源地保护联席会议办公室,组织召开联席会议,共商水源地保护对策,部署落实水源地保护工作。

二是以管理红线作为依据。积极落实最严格水资源管理制度,在水资源审批、管理和保护工作中,严格实行三条红线总量控制,特别是水功能区限制纳污红线控制,保障水源地水量水质安全。

三是以应急预案作为保障,形成包括《贵阳市花溪区饮用水水源地突发环境事件应急预案》《贵阳市两湖一库管理局饮用水水源突发环境事件应急预案》等相关预案报告。

四是成立生态法庭。2007年贵阳市、清镇市成立生态法庭以来,共受理各类环境保护案件1000余件,依法严惩了破坏和污染生态环境的行为。

9.4.3 实施效果评价

1.水量保障情况

红枫湖水库河岸及河床稳定。通过分析监测资料,近年来,水下地形基本没有变化,取水未受滑坡、塌陷及洪涝影响。为进一步稳固其水源地河势、整治取水口,实施系统加固工程,增加了工程投资。目前取水口稳定,供水设施完好,取水和输水工程运行安全。

2.水质改善情况

在贵州省"两湖"领导小组和两湖一库管理局的领导下,红枫湖水库水源地水质得到了根本性扭转。根据曾华献等对红枫湖7个主要监测断面2009—2018年的水体营养盐和叶绿素a浓度变化趋势的研究结果,总磷、氨氮和叶绿素a 10年来整体呈下降趋势,水质显著改善。另外,张耀等在2017—2018年对红枫湖6个主要监测断面的氮、磷进行了时空变化特征研究。其中,年内变化上,总磷在枯水期、平水期和丰水期的平均浓度分别为0.015 mg/L、0.017 mg/L 和 0.024 mg/L(图9.4-1);总氮在枯水期、平水期和丰水期的平均浓度分别为1.7 mg/L、1.83 mg/L 和 1.89 mg/L(图9.4-2);氨氮在枯水期、平水期和丰水期的平均浓度分别为0.16 mg/L、0.11 mg/L 和 0.25 mg/L(图9.4-3)。

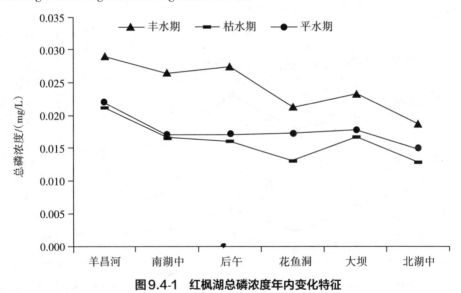

图9.4-1 红枫湖总磷浓度年内变化特征

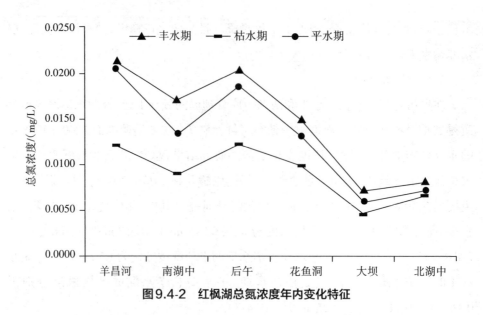

图9.4-2　红枫湖总氮浓度年内变化特征

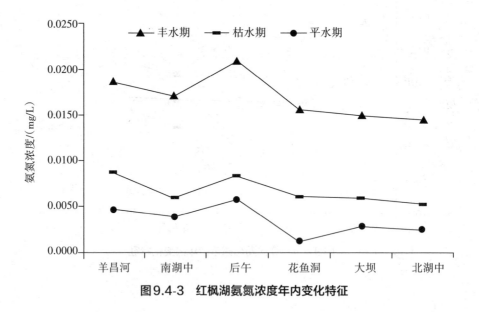

图9.4-3　红枫湖氨氮浓度年内变化特征

1998—2010年期间,红枫湖水库水源地保护区范围内共实施了三期42项治理工程,2010—2019年完成第四期限期治理工程。由于20世纪90年代红枫湖突发性污染事故频繁,尤其是1994—1997年间红枫湖水体富营养化程度加剧,水环境显著恶化。红枫湖水体总磷浓度在2000—2002年间基本稳定在0.02—0.03 mg/L。但2005年至2007年期间,整个湖区受到后五发电厂排入污水和"网箱养鱼"的影响,水体总磷浓度急剧上升,一度达到0.181 mg/L(2007年)。在水源地保护政策和"五大治理工程"、化工厂关停和拆除"网箱养鱼"等相关政策及措施并行影响下,2009年水体富营养化急剧加重的态势得到缓解。另外,清镇市自2010年对红枫湖开展的整治行动取得显著成效,红枫湖全湖水体于2010年后基本稳定为Ⅲ类水质,其中大坝、腰洞及偏山寨3个监测断面2010年后平水期水质基本稳定在Ⅱ类,其余断面在Ⅱ—Ⅲ类水质之间波动,至2019年所有监测断面水质均达到Ⅱ类。红枫湖总磷浓度年际变化特征、2001—2019年红枫湖营养状态变化趋势分别见图9.4-4、图9.4-5。

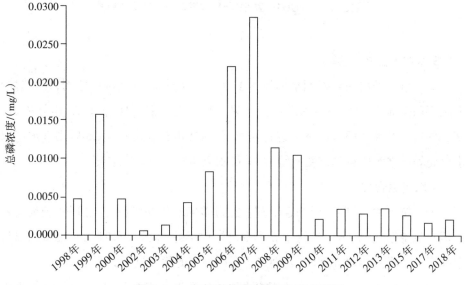

图9.4-4 红枫湖总磷浓度年际变化特征

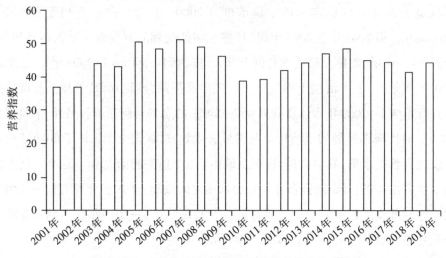

图9.4-5　2001—2019年红枫湖营养状态变化趋势

3.水源地监控

贵阳市水务局在红枫湖水库设置了水质监测断面,开展水质监测,并及时向上级部门上报监测结果与水质评价结果。现可对水温、pH、溶解氧、电导率、浊度、COD、氨氮等多项水质指标进行检测;同时在市自来水水厂、环保用水水厂取水口处等设立水质自动监测系统,对关键水质指标实行动态监测。

4.水源地管理

①坚持不懈,长期开展综合治理。经过多年的分期建设,已经形成较为完善的污水收集系统,城市生活污水收集率已达95%,污水终端处理为花溪课米田污水处理厂和小河污水处理厂,处理达标后回补南明河作城市景观水。

②相互协作,大力宣传。饮用水水源地保护涉及多个部门,为有效保护水资源,2015年,贵阳市水利、环保、城管、社区服务中心等多部门联合,通过发放宣传资料、河道巡查、联合贵州大学上街进行节水宣传等方式,向市民们宣传节水、护水。

③为确保南明河"水清、岸绿、景美",区委、区政府高度重视湖库治理和保护工作,按照市委、市政府的部署和要求,积极开展水环境保护管理工作,安排专职人员专门负责清运河道沿岸的垃圾及打捞河床内的各类漂浮物。2015年度共清捞水草785.4 t,清运垃圾513 t,挖运淤泥6990 t。

2017年,清镇市红枫湖镇大冲村创建贵州省首个垃圾不落地村,首先实施垃圾分类回收。贵阳公众环境教育中心主任受聘为该市红枫湖镇环保顾问,成立乡村环保协会,开展垃圾分类示范户工作,促进村内垃圾分类回收的开展。通过社区教育和公众环境教育有机结合的方式,减少垃圾进入河流。

④2015年,完成花溪区突发环境事件应急预案和花溪区突发环境事件应急演练。通过演练,各部门进一步熟悉、掌握、运用应急救援知识及救助程序、方法的同时,也积累了应对突发饮用水水源污染事件的实战经验,增强了全体参演单位和人员的安全意识,提高了对应急事件的处置能力。

9.4.4 存在的问题及工作建议

尽管近年来采用了一系列的工程与非工程措施来改善红枫湖所面临的各种水源地威胁,也取得了一定的成效,但一些支流仍然面临较大的环境压力。主要体现在以下方面。

1.应急管理制度和能力建设仍需加强

红枫湖水库水源地保护区内的形式和保护需求已显著变化,已有的红枫湖环境突发事件应急预案已有多年,应及时提升红枫湖水库水源地保护的应急能力。各监测断面的监测应尽快提升改造为在线监测,构建天地一体化生态监测监管网络、风险源数据库和大数据共享平台。完善环境监测预警和蓝藻水华预警体系。

2.垃圾收运设施建设仍需加强

根据污染源调查分析,城镇生活污水是河流污染的主要来源,还需加强垃圾收运设施建设,提升乡镇污水管网覆盖率,提高污水处理率。

3.农业面源污染治理仍需加强

生活垃圾、污水、畜禽养殖、农业种植污染防治设施薄弱,污染问题日益突出,需加强治理。

4.工业污染治理仍需加强

通过第一个五年规划的治理,重点工业企业实现超低排放或不排放,部分重点企业政策性关停,工业污染得到有力遏制,但因历史原因和排放标准的差异性,两湖水体还存在很大污染隐患和环境风险。一是部分重点企业污水处理设施纳污能力有限,应对降雨天气能力差,还存在偷排、漏排现象。二是部分重点企业因市场因素减产、停产,暂时降低污水排放量,但企业随时复产,因执行标准的差异性,经处理后尾水直排"两湖一库",是潜在的污染隐患。三是历史遗留的天峰磷石膏废渣场、水晶电石灰渣场、贵铝赤泥坝渣场、清电灰场。虽然企业采取了一些污染防治措施,政府也在出台一些政策鼓励市场清运消耗,但市场消耗是一个长期的过程,环境风险在一定时期依然存在。同时,废弃煤矿的治理还没有有效的技术措施,煤锈水雨季随河流入湖,造成库区沉积物和中下层水体硫化物超标。

5.内源污染治理仍需加强

红枫湖水库水源地是亚高原深水型喀斯特人工湖泊,建库至今沉积大量底泥,对水质已构成严重威胁。目前,国内针对此类湖库底泥污染治理的成功经验和技术手段还不多,因此通过底泥环保疏浚对水库内源污染治理具有重要作用。

6.保护和治理工作仍需加强

没有清醒地认识到红枫湖水库水源地面临的污染形势,对规划目标不够重视,安于现状,保护和治理工作有所松懈,主要表现在:一是城镇化污染防治设施"三同时"制度执行率低。部分新城区、产业区还在走先污染后治理的老路,有的新城区、产业区已投入使用污染防治设施,但采取的是临时污染处置设施,给饮用水水源造成极大的污染隐患。同时,城镇配套管网混乱、缺失,污水漏排、直排现象严重。二是重点治理项目推进缓慢,目标执行率较低。部分重点河流纳入治理目标多年,或不能及时实施,或久拖不能完工,除一部分原因是资金短缺外,很大一部分原因是执行不力。三是对污染突出问题处理不及时,造成恶性污染。由于历史原因,红枫湖水库水源地范围内生活污染防治设施不健全,随着城镇化的不断推进,时常有生活污水漏排、直排问题被曝光;农村生活垃圾长期积压湖库周边、入湖河流两岸,垃圾收运设施运行不正常,虽然主管部门污染巡查频次较高,能较早地发现问题,但通知各区后,响应缓慢,处置不及时,甚至有的地方推诿,造成长期持续性污染。四是农村无序发展,生活污水处于"脱管"状态。红枫湖水库水源地处于城市近郊,部分农村处于城乡接合部,村寨沿河、沿湖而居,村寨大多没有配套的生活污水处理设施,污水直排或散排径流进入河流、湖库。

随着农村人口的不断扩大,农户建房和农家乐发展迅猛,没有村寨规划限制和地方管理的投入,村寨发展和生活污水基本处于无序和"脱管"状态。五是截污管网分段设置,不能同步贯通,污染短期难以遏制,部分污水直排问题将在一定时期内继续存在。

参考文献

[1]毛玉姣,周琴慧,张和喜,等.长江流域贵州重要饮用水源地达标建设进展研究[J].人民长江,2017,48(S1):40-42.

[2]张海涛,王亦宁.进一步推进全国重要饮用水水源地安全保障达标建设的思考[J].中国水利,2018(09):17-19,38.

[3]李建,贾海燕,徐建锋.长江流域水库型水源地生态补偿研究[J].人民长江,2019,50(06):15-19.

[4]姚懿函,李小敏,许亚宣,等.长三角地区饮用水安全风险与关键控制策略[J].环境影响评价,2019,41(01):24-27.

[5]邱凉,翟红娟,罗小勇.长江中下游干流饮用水水源地现状及保护探讨[J].中国水利,2014(17):19-21.

[6]刘敏,林莉,董磊,等.长江下游干流水体中氮的空间分布特征[J].长江科学院院报,2015,32(06):65-69.

[7]宋超,裘丽萍,张聪,等.长江下游江段石油烃污染的风险评估[J].中国农学通报,2017,33(19):74-79.

[8]王树堂,陈坤,田金平,等.长江经济带工业园区水污染防治问题与对策研究[J].环境保护,2019,47(12):45-46.

[8]刘甜,胡道华,左若兰.长江经济带农业面源污染的控制策略[J].中国国情国力,2016(07):36-38.

[10]彭甲超,肖建忠,李纲,等.长江经济带农业废水面源污染与农业经济增长的脱钩关系[J].中国环境科学,2020,40(06):2770-2784.

[11]王金南,曹东,陈潇君.国家绿色发展战略规划的初步构想[J].环境保

护,2006(06):39-43,49.

[12]蒲前超,柳七一,周延龙,等.丹江口库区水资源保护管理的思考[J].人民长江,2016,47(16):10-13.

[13]吕学研,吴时强,张咏,等.太湖富营养化主要指标及营养水平变化分析[J].水资源与水工程学报,2014,25(04):1-6.

[14]刘臻婧,肖启涛,胡正华,等.引江济太对太湖贡湖湾氧化亚氮通量的影响[J].中国环境科学,2020,40(12):5229-5236.

[15]王梦竹.太湖富营养化变化过程及环境驱动因子识别[D].天津:天津大学,2019.

[16]秦伯强.浅水湖泊湖沼学与太湖富营养化控制研究[J].湖泊科学,2020,32(05):1229-1243.

[17]QIN B. A LARGE-SCALE BIOLOGICAL CONTROL EXPERIMENT TO IMPROVE WATER QUALITY IN EUTROPHIC LAKE TAIHU,CHINA[J]. LAKE AND RESERVOIR MANAGEMENT,2013,29(01):33-46.

[18]QIN B,DENG J,PAERL H W,ET AL. WHY LAKE TAIHU CONTINUES TO BE PLAGUED WITH CYANOBACTERIAL BLOOMS THROUGH 10 YEARS (2007-2017) EFFORTS[J].科学通报(英文版),2019,64(06):354-356.

[19]郭雯,赵俞廷,黎宇洋,等.红枫湖营养水平及其历史演化趋势[J].生态学杂志,2020,39(10):3371-3378.

[20]刘兆孝,穆宏强,陈蕾.南水北调中线工程水源地保护问题与对策[J].人民长江,2009,40(16):73-75.

[21]长江流域水资源保护局.长江水资源保护40年[M].武汉:长江出版社,2017.

[22]环保部通报长江经济带饮用水水源地环保专项行动进展[J].中国环境监察,2017(09):9.

[23]安天杭.长江委 强化政治责任 践行"共抓大保护"要求[J].中国水利,2018(24):94-99.

[24]朱庆华.城市集中式饮用水水源地突发环境事件应急管理研究——以西安市李家河水库为例[D].西安:西安理工大学,2018.

［25］白永亮,石磊.美国水污染治理的模式选择、政策过程及其对我国的启示[J].人民珠江,2016,37(04):84-88.

［26］熊志伟.我国城市饮用水安全的法律规制[D].南昌:江西财经大学,2015.

［27］于铭.美国联邦水污染控制法研究——以中美法律比较为视角[D].青岛:中国海洋大学,2009.

［28］陈静,华娟,常卫民.环境应急管理理论与实践[M].南京:东南大学出版社,2011.

［29］蓝楠.日本饮用水水源保护法律——调控的经验及启示[J].环境保护,2007(02):72-74.

［30］朱明月.我国饮用水安全监管法律问题研究[D].重庆:西南大学,2013.

［31］赵学彬.南水北调中线工程水源区水体风险管理研究[D].武汉:华中科技大学,2011.

［32］许建玲.我国饮用水安全管理体系问题及对策研究[D].哈尔滨:哈尔滨工业大学,2013.

［33］MORRIS J,MCGUINNESS M. LIBERALISATION OF THE ENGLISH WATER INDUSTRY: WHAT IMPLICATIONS FOR CONSUMER ENGAGEMENT, ENVIRONMENTAL PROTECTION, AND WATER SECURITY?[J]. UTILITIES POLICY,2019,60:100939.

［34］LIEBERHERR E, VIARD C, HERZBERG C. WATER PROVISION IN FRANCE, GERMANY AND SWITZERLAND: CONVERGENCE AND DIVERGENCE[M]. PUBLIC AND SOCIAL SERVICES IN EUROPE,2016.

［35］马元琣.英格兰和威尔士水资源管理的现行法律法规框架[J].水利水电快报,2005,26(05):1-3.

［36］M.M.拉哈曼,江莉.《欧盟水框架指令》与水资源一体化管理[J].水利水电快报,2005(09):5-8.

［37］董雁飞.欧盟新水框架法令概述[J].中国水利,2004(05):63-65.

［38］石秋池.欧盟水框架指令及其执行情况[J].中国水利,2005(22):65-66,52.

[39]刘晋.我国城市饮用水安全保障法律制度研究[D].赣州:江西理工大学,2014.

[40]吴忠标,陈劲.环境管理与可持续发展[M].北京:中国环境科学出版社,2001.

[41]全国人大常委会.《中华人民共和国水法》图释[M].乌鲁木齐:新疆人民出版社,2017.

[42]乔丹.我国与发达国家供水法规和技术规范比较研究[D].沈阳:沈阳建筑大学,2019.

[43]黄建初.《中华人民共和国水污染防治法》释义及实用指南[M].北京:中国民主法制出版社,2008.

[44]徐祥民.常用中国环境法导读[M].2版.北京:法律出版社,2017.

[45]李飞.中华人民共和国清洁生产促进法释义[M].北京:法律出版社,2013.

[46]倪艳芳.饮用水水源环境保护法律法规文件汇编[M].北京:中国环境出版集团,2019.

[47]隋卫东,马凤玲,刘晓宏.建设工程环保节能法规及应用[M].北京:中国电力出版社,2016.

[48]谢福琛.长江流域饮用水水源法律保护问题研究[D].武汉:武汉大学,2020.

[49]孙宏亮,刘伟江,文一,等.长江干流饮用水水源环境风险评价与管理初探[J].人民长江,2016,47(07):6-9.

[50]徐晓艳.多泥沙河流饮用水水源地保护区划分研究[D].太原:太原理工大学,2010.

[51]刘金宇.大迫子水库饮水水源地划分与保护对策研究[D].长春:吉林大学,2016.

[52]陶勇.吉林长白山天然矿泉水抚松饮用水水源保护区划分研究[D].长春:吉林大学,2013.

[53]杨超.我国饮用水安全监管权配置研究[D].武汉:华中师范大学,2020.

[54]翟曼玉.浙中经济带核心区生态系统结构与服务功能演化遥感评估

[D].杭州:浙江大学,2016.

[55]王震洪,蔡庆华,赵斌,等.流域生态系统空间结构量化及其指标体系[J].地球科学与环境学报,2021,43(01):135-149.

[56]贾军梅,罗维,杜婷婷,等.近十年太湖生态系统服务功能价值变化评估[J].生态学报,2015,35(07):2255-2264.

[57]赵景柱,徐亚骏,肖寒,等.基于可持续发展综合国力的生态系统服务评价研究——13个国家生态系统服务价值的测算[J].系统工程理论与实践,2003,23(01):121-127.

[58]王宪礼.辽河三角洲湿地的景观格局分析[J].生态学报,1997(03):317-323.

[59]韩振华,李建东,殷红,等.基于景观格局的辽河三角洲湿地生态安全分析[J].生态环境学报,2010,19(03):701-705.

[60]鄢帮有.鄱阳湖区土地利用变化与生态系统服务价值评估[D].南京:中国科学院南京地理与湖泊研究所,2006.

[61]刘慧明,高吉喜,刘晓,等.国家重点生态功能区2010-2015年生态系统服务价值变化评估[J].生态学报,2020,40(06):1865-1876.

[62]苏常红,傅伯杰.景观格局与生态过程的关系及其对生态系统服务的影响[J].自然杂志,2012,34(05):277-283.

[63]罗巧灵.城市基本生态控制区保护性利用规划路径研究[M].北京:中国建筑工业出版社,2016.

[64]O'NEIL R V, HUNSAKER C T. SCALE PROBLEMS IN REPORTING LANDSCAPE PATTERN AT THE REGIONAL SCALE[J]. LANDSCAPE ECOLOGY,1996,11(03):169-180.

[65]郭恒亮,刘如意,赫晓慧,等.郑州市景观多样性的空间自相关格局分析[J].生态科学,2018,37(05):157-164.

[66]LI B L. FRACTAL GEOMETRY APPLICATIONS IN DESCRIPTION AND ANALYSIS OF PATCH PATTERNS AND PATCH DYNAMICS[J]. ECOLOGICAL MODELLING,2000,132(1-2):33-50.

[67]陈俊华,慕长龙,龚固堂,等.官司河流域防护林结构调整及景观格局变

化[J].山地学报,2010,28(01):85-95.

[68]PARK S. SPATIOTEMPORAL LANDSCAPE PATTERN CHANGE IN RE-SPONSE TO FUTURE URBANISATION IN MARICOPA COUNTY, ARIZONA, USA [J]. LANDSCAPE RESEARCH,2013,38(05):625-648.

[69] KAENDLER M, BLECHINGER K, SEIDLER C, ET AL. IMPACT OF LAND USE ON WATER QUALITY IN THE UPPER NISA CATCHMENT IN THE CZECH REPUBLIC AND IN GERMANY[J]. THE SCIENCE OF THE TOTAL ENVI-RONMENT,2017,586:1316-1325.

[70] BHANDARI K, ARYAL J, DARNSAWASDI R. A GEOSPATIAL AP-PROACH TO ASSESSING SOIL EROSION IN A WATERSHED BY INTEGRATING SOCIO-ECONOMIC DETERMINANTS AND THE RUSLE MODEL[J]. NATURAL HAZARDS,2015,75(1):321-342.

[71]化勇鹏,钟崇林.城市饮用水源地生态系统健康评价与保护对策研究 [J].环境科学与管理,2017,42(01):153-157.

[72]ROBERT COSTANZA R D R D, MONICA GRASSO B H. THE VALUE OF THE WORLD'S ECOSYSTEM SERVICES AND NATURAL CAPITA[J]. ECO-LOGICAL ECONOMICS,1998,25(1):3-15.

[73]刘姜艳.湟水河红古段河道生态系统服务功能价值研究[D].兰州:兰州大学,2020.

[74]BOCKSTAEL N E, FREEMAN A, KOPP R J, ET AL. ON MEASURING ECONOMIC VALUES FOR NATURE[J]. ENVIRONMENTAL SCIENCE & TECH-NOLOGY,2000,34(08):1384-1389.

[75]HOLDREN J P, EHRLICH P R. HUMAN POPULATION AND GLOBAL ENVIRONMENT[J]. AMERICAN SCIENTIST,1974,62(03):282.

[76]COSTANZA R, DE GROOT R, SUTTON P, ET AL. CHANGES IN THE GLOBAL VALUE OF ECOSYSTEM SERVICES[J]. GLOBAL ENVIRONMENTAL CHANGE,2014,26:152-158.

[77]XIE G, ZHANG C, ZHEN L, ET AL. DYNAMIC CHANGES IN THE VALUE OF CHINA'S ECOSYSTEM SERVICES[J]. ECOSYSTEM SERVICES,

2017,26:146-154.

[78]欧阳志云,赵同谦,王效科,等.水生态服务功能分析及其间接价值评价[J].生态学报,2004,24(10):2091-2099.

[79]赵同谦,欧阳志云,贾良清,等.中国草地生态系统服务功能间接价值评价[J].生态学报,2004,24(06):1101-1110.

[80]杜慧平.高寒草地土壤有机碳组分之间及有机碳组分与土壤物理性质之间的相关性[D].兰州:甘肃农业大学,2007.

[81]中国可持续发展林业战略研究项目组.中国可持续发展林业战略研究总论[M].北京:中国林业出版社,2002.

[82]刘平,方晓明.林学概论[M].长春:吉林大学出版社,2018.

[83]赵同谦,欧阳志云,郑华,等.中国森林生态系统服务功能及其价值评价[J].自然资源学报,2004,19(04):480-491.

[84]靳芳,鲁绍伟,余新晓,等.中国森林生态系统服务功能及其价值评价[J].应用生态学报,2005,16(08):1531-1536.

[85]谢高地,张彩霞,张雷明,等.基于单位面积价值当量因子的生态系统服务价值化方法改进[J].自然资源学报,2015,30(08):1243-1254.

[86]相华,吕绍娟,王帅帅,等.济南市水生态系统服务功能价值评估[J].中国水利,2021(03):40-43.

[87]亢红霞.松嫩平原湿地生态服务价值时空特征分析[D].哈尔滨:哈尔滨师范大学,2016.

[88]刘淑丽,李扬,郭晋平.森林对水源地保护与生态修复的影响研究综述[J].环境生态学,2019,1(02):29-34.

[89]赵润,董云仙,谭志卫.水生态系统服务功能价值评估研究综述[J].环境科学导刊,2014,33(05):33-39.

[90]YABE K M. POLICIES AND RESIDENT'S WILLINGNESS TO PAY FOR RESTORING THE ECOSYSTEM DAMAGED BY ALIEN FISH IN LAKE BIWA,JAPAN[J].ENVIRONMENTAL SCIENCE & POLICY,2006,9(05):448-456.

[91]相晨,严力蛟,韩轶才,等.千岛湖生态系统服务价值评估[J].应用生态学报,2019,30(11):3875-3884.

[92]王璨,钱新,高海龙,等.太湖地区贡湖生态修复区生态系统服务价值评估[J].湿地科学,2017,15(02):263-268.

[93]张丽云,江波,肖洋,等.洞庭湖生态系统最终服务价值评估[J].湿地科学与管理,2016,12(01):21-25.

[94]高伟,杜展鹏,严长安,等.污染湖泊生态系统服务净价值评估——以滇池为例[J].生态学报,2019,39(05):1748-1757.

[95]韩松,何太蓉,班荣舶.升金湖湿地生态系统服务功能价值分析[J].中国水土保持,2015(06):24-27.

[96]莫明浩,任宪友,王学雷,等.洪湖湿地生态系统服务功能价值及经济损益评估[J].武汉大学学报(理学版),2008,54(06):725-731.

[97]汪金福,戴志健,王怀清,等.鄱阳湖流域生态系统服务价值评估[J].气象与减灾研究,2019,42(01):59-63.

[98]RAPPORT D. WHAT CONSTITUTES ECOSYSTEM HEALTH?[J]. PERSPECTIVES IN BIOLOGY AND MEDICINE,1989,33(01):120-132.

[99]肖风劲,欧阳华.生态系统健康及其评价指标和方法[J].自然资源学报,2002(02):203-209.

[100]崔保山,杨志峰.湿地生态系统健康评价指标体系 Ⅱ.方法与案例[J].生态学报,2002(08):1231-1239.

[101]陈宇顺.多重人类干扰下长江流域的水生态系统健康修复[J].人民长江,2019,50(02):19-23.

[102]何建波,李婕好,单晓栋,等.浦阳江流域(浦江段)的河流生态系统健康评价[J].杭州师范大学学报(自然科学版),2020,19(02):145-152.

[103]马克明,孔红梅,关文彬,等.生态系统健康评价:方法与方向[J].生态学报,2001,21(12):2106-2116.

[104]张方方.巢湖流域生态系统健康评价[D].芜湖:安徽师范大学,2014.

[105] RAPPORT D J, BÖHM G, BUCKINGHAM D, ET AL. ECOSYSTEM HEALTH: THE CONCEPT, THE ISEH, AND THE IMPORTANT TASKS AHEAD [J]. ECOSYSTEM HEALTH,1999,5(02):82-90.

[106]程和琴.海岸系统人文效应及其调控研究[M].北京:科学出版社,

2010.

[107]张渊.基于VOR模型的滇池流域生态系统健康多尺度评价研究[D].昆明:云南财经大学,2020.

[108]朱捷缘,卢慧婷,王慧芳,等.汶川地震重灾区恢复期生态系统健康评价[J].生态学报,2018,38(24):9001-9011.

[109]赵培.甘肃省城市饮用水安全问题研究报告[D].兰州:兰州交通大学,2015.

[110]张化楠,葛颜祥.我国水源地生态补偿标准核算方法研究[J].山东农业大学学报(社会科学版),2016,18(03):104-109.

[111]夏军,高扬,左其亭,等.河湖水系连通特征及其利弊[J].地理科学进展,2012,31(01):26-31.

[112]齐春三,郑良勇.水系生态建设关键技术研究与应用[M].北京:中国水利水电出版社,2015.

[113]吴道喜,黄思平.健康长江指标体系研究[J].水利水电快报,2007(12):1-3.

[114]水利部南水北调规划设计管理局.跨流域调水与区域水资源配置[M].北京:中国水利水电出版社,2012.

[115]于璐.淮河流域水系形态结构及连通性研究[D].郑州:郑州大学,2017.

[116]刘昌明.东北地区水与生态-环境问题及保护对策研究[M].北京:科学出版社,2007.

[117]林鹏飞.水源连通对城市供水安全影响效应研究——以厦门市为例[D].北京:中国水利水电科学研究院,2016.

[118]林鹏飞,游进军,付敏,等.基于引水限制调度线的并联水库系统供水优化算法及应用[J].水利水电技术,2018,49(02):8-14.

[119]陈吟,王延贵,陈康.水系连通的类型及连通模式[J].泥沙研究,2020,45(03):53-60.

[120]赵进勇,董哲仁,翟正丽,等.基于图论的河道-滩区系统连通性评价方法[J].水利学报,2011,42(05):537-543.

[121]赵进勇,张晶.河湖水系生态连通规划关键技术研究与示范[J].科技成果管理与研究,2019,14(11):78-79.

[122]李宗礼,李原园,王中根,等.河湖水系连通研究:概念框架[J].自然资源学报,2011,26(03):513-522.

[123]李原园,郦建强,李宗礼,等.河湖水系连通研究的若干问题与挑战[J].资源科学,2011,33(03):386-391.

[124]付素静,万宝春,赵宪伟,等.水库型饮用水水源地一级保护区隔离防护工程研究[J].中国环境管理干部学院学报,2016,26(04):57-60.

[125]王超,王沐芳,侯俊,等.流域水资源保护和水质改善理论与技术[M].北京:中国水利水电出版社,2011.

[126]杨庆庆,王桂智,张慧,等.多种生态护岸型式在高邮横泾河整治工程中的应用[J].中国水运,2020(11):111-113.

[127]唐大川.城市滨水区生态护岸景观设计研究[D].福州:福建农林大学,2008.

[128]方婷婷.陕南山地小城镇工业园区规划方法初探——以旬阳生态工业园区为例[D].西安:长安大学,2011.

[129]张龙.生态水利在现代河道治理中的应用[D].合肥:合肥工业大学,2007.

[130]马超.人工景观水体生态型护岸设计研究[D].哈尔滨:东北林业大学,2013.

[131]侯俊.生态型河道构建原理及应用技术研究[D].南京:河海大学,2005.

[132]郝由之.考虑复合植被根系加筋锚固作用的坡式生态护岸稳定性研究[D].邯郸:河北工程大学,2018.

[133]汪国英.杭州城市河道污染源治理技术及应用研究[D].杭州:浙江大学,2018.

[134]张曼雪,邓玉,倪福全.农村生活污水处理技术研究进展[J].水处理技术,2017,43(06):5-10.

[135]晏卓逸,岳波,苑广耀,等.5类典型土壤对村镇生活垃圾渗滤液的吸附

特征[J].环境工程学报,2017,11(08):4838-4843.

[136]金洛楠,吴家俊,魏乐成,等.人工湿地污水生态处理工艺强化应用进展[J].浙江农业科学,2021,62(09):1830-1834.

[137]夏汉平.人工湿地处理污水的机理与效率[J].生态学杂志,2002,21(04):52-59.

[138]杨春雪,施春红,张喜玲.膜生物反应器处理农村生活污水研究进展[J].水处理技术,2020,46(08):1-5.

[139]齐瑶,常杪.小城镇和农村生活污水分散处理的适用技术[J].中国给水排水,2008,24(18):24-27.

[140]DILLAHA T A, RENEAU R B, MOSTAGHIMI S, ET AL. VEGETATIVE FILTER STRIPS FOR AGRICULTURAL NONPOINT SOURCE POLLUTION-CONTROL[J]. TRANSACTIONS OF THE AMERICAN SOCIETY OF AGRICULTURAL ENGINEERS, 1989, 32(02):513-519.

[141]付婧,王云琦,马超,等.植被缓冲带对农业面源污染物的削减效益研究进展[J].水土保持学报,2019,33(02):1-8.

[142]何聪.混播草皮缓冲带农业面源污染拦截效果的试验研究[D].扬州:扬州大学,2012.

[143]SABATER S, BUTTURINI A, CLEMENT J C, ET AL. NITROGEN REMOVAL BY RIPARIAN BUFFERS ALONG A EUROPEAN CLIMATIC GRADIENT: PATTERNS AND FACTORS OF VARIATION [J]. ECOSYSTEMS, 2003, 6(01):20-30.

[144]DILLAHA T A, SHERRARD J H, LEE D, ET AL. EVALUATION OF VEGETATIVE FILTER STRIPS AS A BEST MANAGEMENT PRACTICE FOR FEED LOTS[J]. JOURNAL-WATER POLLUTION CONTROL FEDERATION, 1988, 60(7):1231-1238.

[145]GHARABAGHI B, RUDRA R P, GOEL P K. EFFECTIVENESS OF VEGETATIVE FILTER STRIPS IN REMOVAL OF SEDIMENTS FROM OVERLAND FLOW [J]. WATER QUALITY RESEARCH JOURNAL OF CANADA, 2006, 41(03):275-282.

［146］SCHMITT T J，DOSSKEY M G，HOAGLAND K D. FILTER STRIP PER-FORMANCE AND PROCESSES FOR DIFFERENT VEGETATION，WIDTHS，AND CONTAMINANTS［J］. JOURNAL OF ENVIRONMENTAL QUALITY，1999，28（05）：1479-1489.

［147］MANKIN K R，NGANDU D M，BARDEN C J，ET AL. GRASS-SHRUB RIPARIAN BUFFER REMOVAL OF SEDIMENT，PHOSPHORUS，AND NITRO-GEN FROM SIMULATED RUNOFF［J］. JOURNAL OF THE AMERICAN WATER RESOURCES ASSOCIATION，2007，43（05）：1108-1116.

［148］WANYAMA J，HERREMANS K，MAETENS W，ET AL. EFFECTIVE-NESS OF TROPICAL GRASS SPECIES AS SEDIMENT FILTERS IN THE RIPARI-AN ZONE OF LAKE VICTORIA［J］. SOIL USE AND MANAGEMENT，2012，28（03）：409-418.

［149］LEE K H，ISENHART T M，SCHULTZ R C. SEDIMENT AND NUTRI-ENT REMOVAL IN AN ESTABLISHED MULTI-SPECIES RIPARIAN BUFFER［J］. JOURNAL OF SOIL AND WATER CONSERVATION，2003，58（01）：1-8.

［150］BLANCO-CANQUI H，GANTZER C J，ANDERSON S H，ET AL. GRASS BARRIERS FOR REDUCED CONCENTRATED FLOW INDUCED SOIL AND NU-TRIENT LOSS［J］. SOIL SCIENCE SOCIETY OF AMERICA JOURNAL，2004，68（06）：1963-1972.

［151］BORIN M，PASSONI M，THIENE M，ET AL. MULTIPLE FUNCTIONS OF BUFFER STRIPS IN FARMING AREAS［J］. EUROPEAN JOURNAL OF AGRONOMY，2010，32（01）：103-111.

［152］LOWRANCE R，SHERIDAN J M. SURFACE RUNOFF WATER QUALI-TY IN A. MANAGED THREE ZONE RIPARIAN BUFFER［J］. JOURNAL OF ENVI-RONMENTAL QUALITY，2005，34（05）：1851-1859.

［153］何聪，刘璐嘉，王苏胜，等.不同宽度草皮缓冲带对农田径流氮磷去除效果研究［J］.水土保持研究，2014，21（04）：55-58.

［154］胡威，王毅力，储昭升.草皮缓冲带对洱海流域面源污染的削减效果［J］.环境工程学报，2015，9（09）：4138-4144.

[155]白莹莹,江洪,饶应福,等.临港新城河岸人工植被缓冲带对氮、磷的去除效果[J].中南林业科技大学学报,2016,36(05):108-113,132.

[156]申小波,陈传胜,张章,等.不同宽度模拟植被过滤带对农田径流、泥沙以及氮磷的拦截效果[J].农业环境科学学报,2014,33(04):721-729.

[157]苗青,施春红,胡小贞,等.不同草皮构建的湖泊缓冲带对污染物的净化效果研究[J].环境污染与防治,2013,35(02):22-27,33.

[158]张广分.潮白河上游河岸植被缓冲带对氮、磷去除效果研究[J].中国农学通报,2013,29(08):189-194.

[159]孙彭成,高建恩,王显文,等.柳枝稷植被过滤带拦污增效试验初步研究[J].农业环境科学学报,2016,35(02):314-321:81-86.

[160]李晓娜,张国芳,武美军,等.不同植被过滤带对农田径流泥沙和氮磷拦截效果与途径[J].水土保持学报,2017,31(03):39-44,50.

[161]李怀恩,邓娜,杨寅群,等.植被过滤带对地表径流中污染物的净化效果[J].农业工程学报,2010,26(07):81-86.

[162]PETERJOHN W T,CORRELL D L. NUTRIENT DYNAMICS IN AN AG-RICULTURAL WATERSHED-OBSERVATIONS ON THE ROLE OF A RIPARIAN FOREST[J]. ECOLOGY,1984,65(05):1466-1475.

[163]YOUNG R A,HUNTRODS T,ANDERSON W. EFFECTIVENESS OF VEGETATED BUFFER STRIPS IN CONTROLLING POLLUTION FROM FEEDLOT RUNOFF[J]. JOURNAL OF ENVIRONMENTAL QUALITY,1980,9(03):483-487.

[164]朱金格,张晓姣,刘鑫,等.生态沟-湿地系统对农田排水氮磷的去除效应[J].农业环境科学学报,2019,38(02):405-411.

[165]王迪,李红芳,刘锋,等.亚热带农区生态沟渠对农业径流中氮素迁移拦截效应研究[J].环境科学,2016,37(05):1717-1723.

[166]张树楠,肖润林,刘锋,等.生态沟渠对氮、磷污染物的拦截效应[J].环境科学,2015,36(12):4516-4522.

[167]王晓玲,乔斌,李松敏,等.生态沟渠对水稻不同生长期降雨径流氮磷的拦截效应研究[J].水利学报,2015,46(12):1406-1413.

[168]COBAN O,KUSCHK P,KAPPELMEYER U,ET AL. NITROGEN TRANS-

FORMING COMMUNITY IN A HORIZONTAL SUBSURFACE-FLOW CON-STRUCTED WETLAND[J]. WATER RESEARCH: A JOURNAL OF THE INTER-NATIONAL WATER ASSOCIATION,2015,74:203-212.

[169]WU Y,KERR R G,HU R,ET AL. ECO-RESTORATION: SIMULTANE-OUS NUTRIENT REMOVAL FROM SOIL AND WATER IN A COMPLEX RESIDEN-TIAL - CROPLAND AREA[J]. ENVIRONMENTAL POLLUTION, 2010,158(07): 2472-2477.

[170]PASSY P,GARNIER J,BILLEN G,ET AL. RESTORATION OF PONDS IN RURAL LANDSCAPES: MODELLING THE EFFECT ON NITRATE CONTAMI-NATION OF SURFACE WATER (THE SEINE RIVER BASIN,FRANCE)[J]. SCI-ENCE OF THE TOTAL ENVIRONMENT,2012,430:280-290.

[171]李亚,孔令为,梅荣武,等.关于面源污染减排研究综述[J].环境与可持续发展,2017,42(05):50-52.

[172]李玉凤,刘红玉,皋鹏飞,等.农村多水塘系统水环境过程研究进展[J].生态学报,2016,36(09):2482-2489.

[173]孙棋棋,张春平,于兴修,等.中国农业面源污染最佳管理措施研究进展[J].生态学杂志,2013,32(03):772-778.

[174]倪其军.富营养化湖泊底泥低扰动射流清淤及其余水人工湿地净化关键技术研究[D].无锡:江南大学,2020.

[175]祝鹏.基于农业面源污染的人工湿地设计研究——以王南圩地区为例[D].合肥:安徽农业大学,2014.

[176]马军.城市河道生态修复及景观设计研究[D].西安:西安理工大学,2020.

[177]刘宗楠.水生植物耦合微生物对污染水体的修复作用研究[D].武汉:华中农业大学,2019.

[178]张萌.一种复合微生物菌剂在净化修复黑臭水体中的应用研究[D].银川:宁夏大学,2019.

[179]宋昌安.EM微生物技术修复城市水域环境研究[D].北京:华北电力大学,2015.

[180]汪红军,胡菊香,吴生桂,等.生物复合酶污水净化剂处理黑臭水体的研究[J].水利渔业,2007(01):68-70.

[181]曹德菊,谷小伟,庞晓坤.固定化枯草杆菌生物吸附去除水中Cd的研究[J].激光生物学报,2005(01):17-21.

[182]何杰财.固定化生物催化剂在河涌黑臭治理中的效能研究[D].广州:华南理工大学,2013.

[183]杨珊.微生物复合及固定化处理景观水体污染的研究[D].重庆:西南大学,2015.

[184]郭亮.生物生态技术在治理黑臭河道中的应用[J].中国资源综合利用,2017,35(09):52-54.

[185]魏瑞霞,武会强,张锦瑞,等.植物浮床-微生物对污染水体的修复作用[J].生态环境学报,2009,18(01):68-74.

[186]吕明权,吴胜军,陈春娣,等.三峡消落带生态系统研究文献计量分析[J].生态学报,2015,35(11):3504-3518.

[187]LOWRANCE R R,LEONARD R A,SHERIDAN J M. MANAGING RIPARIAN ECOSYSTEMS TO CONTROL NONPOINT POLLUTION[J].JOURNAL OF SOIL & WATER CONSERVATION,1985,40(01):87-91.

[188]GREGORY S,SWANSON F,MCKEE W,ET AL. AN ECOSYSTEM PERSPECTIVE OF RIPARIAN ZONES[J].BIOSCIENCE,1991,41(08):540-551.

[189]黄京鸿.三峡水库水位涨落带的土地资源及其开发利用[J].西南师范大学学报(自然科学版),1994(05):528-533.

[190]汤显强,吴敏,金峰.三峡库区消落带植被恢复重建模式探讨[J].长江科学院院报,2012,29(03):13-17.

[191]樊大勇,熊高明,张爱英,等.三峡库区水位调度对消落带生态修复中物种筛选实践的影响[J].植物生态学报,2015,39(04):416-432.

[192]白宝伟,王海洋,李先源,等.三峡库区淹没区与自然消落区现存植被的比较[J].西南农业大学学报(自然科学版),2005,27(05):684-687,691.

[193]王强,袁兴中,刘红,等.三峡水库初期蓄水对消落带植被及物种多样性的影响[J].自然资源学报,2011,26(10):1680-1693.

[194]郭燕,杨邵,沈雅飞,等.三峡水库消落带现存植物自然分布特征与群落物种多样性研究[J].生态学报,2019,39(12):4255-4265.

[195]刘维暐,王杰,王勇,等.三峡水库消落区不同海拔高度的植物群落多样性差异[J].生态学报,2012,32(17):5454-5466.

[196]蒋志刚,马克平.保护生物学原理[M].北京:科学出版社,2014.

[197]迟晓德,杨帆.饮用水源地污染物监控与应急预警机制[J].环境科学与管理,2012,37(10):143-146.

[198]崔国韬,左其亭,窦明.国内外河湖水系连通发展沿革与影响[J].南水北调与水利科技,2011,9(04):73-76.

[199]曾华献,王敬富,李玉麟,等.贵州红枫湖近10年来(2009—2018年)水质变化及影响因素[J].湖泊科学,2020,32(03):676-687.

[200]吴宝玲.贵阳市红枫湖农村生活污染治理项目可行性研究[D].长沙:中南林业科技大学,2012.

[201]张耀.红枫湖水体氮、磷时空分布及影响因素分析[D].贵阳:贵州师范大学,2019.

附录

附表　长江流域全国重要饮用水水源地名录一览表

省(区、市)	序号	水源地名称	类型	供水地
上海市(2)	1	上海市长江青草沙水源地	河道	上海市
	2	长江—陈行水源地	河道	宝山区、嘉定区
江苏省(12)	3	南京市长江夹江水源地	河道	南京市
	4	南京市长江燕子矶水源地	河道	南京市
	5	江阴市长江利港—窑港水源地	河道	常州市、无锡市
	6	常州市长江魏村水源地	河道	常州市
	7	张家港市长江水源地	河道	苏州市
	8	常熟市长江水源地	河道	苏州市
	9	南通市长江狼山水源地	河道	南通市
	10	如皋市长江长青沙水源地	河道	南通市
	11	扬州市长江瓜洲水源地	河道	扬州市
	12	镇江市长江征润州水源地	河道	镇江市
	13	泰州市长江永安洲永正水源地	河道	泰州市
	14	三江营水源地	河道	南水北调东线沿线城市
安徽省(10)	15	董铺水库水源地	水库	合肥市
	16	大房郢水库水源地	水库	合肥市
	17	繁昌县长江水源地	河道	芜湖市
	18	芜湖市长江水源地	河道	芜湖市
	19	马鞍山市长江水源地(含采石、慈湖水源)	河道	马鞍山市
	20	铜陵市长江水源地	河道	铜陵市
	21	安庆市长江水源地	河道	安庆市
	22	沙河集水库水源地	水库	滁州市
	23	池州市长江水源地	河道	池州市
	24	宣城市水阳江水源地	河道	宣城市

省(区、市)	序号	水源地名称	类型	供水地
江西省（22）	25	南昌赣江水源地	河道	南昌市
	26	南昌县赣江水源地	河道	南昌市
	27	景德镇昌江水源地	河道	景德镇市
	28	共产主义水库水源地	水库	景德镇市
	29	萍乡市袁河水源地	河道	萍乡市
	30	萍乡市湘江水源地	河道	萍乡市
	31	九江市长江水源地（含九江市长江城区、九江市城西水源）	河道	九江市
	32	鄱阳县余干县都昌县星子县鄱阳湖水源地	河道	九江市、上饶市
	33	新余市袁河仙女湖水源地	湖泊	新余市
	34	新余市孔目江水源地	河道	新余市
	35	鹰潭市信江水源地	河道	鹰潭市
	36	赣州市赣江水源地（含章贡区石崆子水库、赣州市一水厂、二水厂、三水厂水源）	河道	赣州市
	37	吉安市赣江水源地（含吉安市供水公司、青原区赣江水源）	河道	吉安市
	38	丰城赣江水源地	河道	宜春市
	39	宜春市袁水水源地	河道	宜春市
	40	抚州抚河水源地	河道	抚州市
	41	余干信江水源地	河道	上饶市
	42	鄱阳县内珠湖水源地	湖泊	上饶市
	43	鄱阳县昌江河水源地	河道	上饶市
	44	上饶县信江水源地	河道	上饶市
	45	七一水库水源地	水库	上饶市
	46	余干县信江东大河水源地	河道	上饶市
河南省（1）	47	南阳市水务集团二水厂水源地	地下水	南阳市

续表

省(区、市)	序号	水源地名称	类型	供水地
湖北省（32）	48	武汉市汉江水源地	河道	武汉市
	49	武汉市长江水源地	河道	武汉市
	50	武汉市举水河水源地	河道	武汉市
	51	武汉市黄陂区滠水水源地	河道	武汉市
	52	武汉市江夏区长江水源地	河道	武汉市
	53	黄石市长江水源地	河道	黄石市
	54	黄石市富水河水源地	河道	黄石市
	55	王英水库水源地	水库	黄石市、咸宁市
	56	马家河水库水源地	水库	十堰市
	57	黄龙滩水库水源地	水库	十堰市
	58	巩河水库水源地	水库	宜昌市
	59	官庄水库水源地	水库	宜昌市
	60	鲁家港水库水源地	水库	宜昌市
	61	恩施—宜都清江水源地	河道	宜昌市、恩施土家族苗族自治州
	62	大龙潭水库水源地	水库	恩施土家族苗族自治州
	63	襄阳市汉江水源地	河道	襄阳市
	64	谷城县南河汉江水源地	河道	襄阳市
	65	鄂州市长江水源地	河道	鄂州市
	66	钟祥市汉江水源地	河道	荆门市
	67	漳河水库水源地	水库	荆门市
	68	观音岩水库水源地	水库	孝感市
	69	荆州市长江水源地	河道	荆州市
	70	垅坪水库水源地	水库	黄冈市
	71	天堂水库水源地	水库	黄冈市
	72	白莲河水库水源地	水库	黄冈市
	73	金沙河水库水源地	水库	黄冈市

省(区、市)	序号	水源地名称	类型	供水地
湖北省 （32）	74	凤凰关水库水源地	水库	黄冈市
	75	浠水县巴水河水源地	河道	黄冈市
	76	黄冈市蕲水水源地	河道	黄冈市
	77	先觉庙水库水源地	水库	随州市
	78	天门市汉江水源地	河道	天门市
	79	丹江口水库水源地	水库	南水北调中线沿线城市
湖南省 （42）	80	株树桥水库水源地	水库	长沙市
	81	长沙市湘江水源地	河道	长沙市
	82	黄材水库水源地	水库	长沙市
	83	长沙市望城区湘江水源地	河道	长沙市
	84	浏阳市浏阳河水源地	河道	长沙市
	85	长沙市星沙捞刀河水源地	河道	长沙市
	86	东江水库水源地	水库	长沙市、株洲市、湘潭市、郴州市
	87	株洲市湘江水源地	河道	株洲市
	88	望仙桥水库水源地	水库	株洲市
	89	湘潭市湘江水源地	河道	湘潭市
	90	湘乡市涟水水源地	河道	湘潭市
	91	衡阳市湘江水源地	河道	衡阳市
	92	衡阳市衡阳县蒸水水源地	河道	衡阳市
	93	红旗—曹口堰水库水源地	水库	衡阳市
	94	耒阳市耒水水源地	河道	衡阳市
	95	洋泉水库水源地	水库	衡阳市
	96	邵阳市资水水源地	河道	邵阳市
	97	邵阳市新宁县夫夷水水源地	河道	邵阳市
	98	邵阳市隆回县赧水水源地	河道	邵阳市
	99	邵阳市洞口县平溪水源地	河道	邵阳市

续表

省(区、市)	序号	水源地名称	类型	供水地
湖南省 (42)	100	白云水库水源地	水库	邵阳市
	101	威溪水库水源地	水库	邵阳市
	102	铁山水库水源地	水库	岳阳市
	103	华容县长江水源地	河道	岳阳市
	104	龙源水库水源地	水库	岳阳市
	105	兰家洞—向家洞水库水源地	水库	岳阳市
	106	常德市沅江水源地	河道	常德市
	107	常德市澧县澧水水源地	河道	常德市
	108	常德市汉寿沅江水源地	河道	常德市
	109	张家界市澧水水源地	河道	张家界市
	110	益阳市资水水源地	河道	益阳市
	111	沅江市自来水公司水源地	地下水	益阳市
	112	山河水库水源地	水库	郴州市
	113	永州市冷水滩区湘江水源地	河道	永州市
	114	永州市零陵区潇水水源地	河道	永州市
	115	永州市祁阳县湘江水源地	河道	永州市
	116	永州市道县潇水水源地	河道	永州市
	117	怀化市舞水水源地	河道	怀化市
	118	娄底市孙水水源地(含白马水库水源)	河道	娄底市
	119	冷水江市资水水源地	河道	娄底市
	120	涟源市新涟河水源地	河道	娄底市
	121	湘西自治州吉首市峒河水源地(含万溶江水源)	河道	湘西土家族苗族自治州
重庆市 (14)	122	重庆市长江第1水源地	河道	重庆市
	123	重庆市长江第2水源地	河道	南岸区、巴南区
	124	重庆市长江第3水源地	河道	长寿区
	125	重庆市嘉陵江第1水源地	河道	渝中区、江北区、沙坪坝区

省(区、市)	序号	水源地名称	类型	供水地
重庆市（14）	126	重庆市嘉陵江第2水源地	河道	沙坪坝区、渝北区
	127	重庆市嘉陵江第3水源地	水库	北碚区、两江新区
	128	重庆市嘉陵江第4水源地	河道	合川区
	129	重庆市万州区长江水源地	河道	万州区
	130	甘宁水库水源地	水库	万州区
	131	重庆市涪陵区长江水源地	河道	涪陵区
	132	马家沟水库水源地	水库	沙坪坝区、九龙坡区
	133	鱼栏咀水库水源地	水库	綦江区
	134	重庆市永川区临江河水源地	河道	永川区
	135	鲤鱼塘水库水源地	水库	开县
四川省（50）	136	成都市郫县徐堰河—柏条河水源地	河道	成都市
	137	双流县岷江自来水厂金马河水源地	河道	成都市
	138	新津县西河白溪堰—金马河水源地	河道	成都市
	139	龙泉驿区东风渠水二厂水源地	河道	成都市
	140	成都市沙河二、五水厂水源地	河道	成都市
	141	成都市青白江水源地	河道	成都市
	142	都江堰市岷江西区自来水厂水源地	河道	成都市
	143	张家岩水库水源地	水库	成都市
	144	双溪水库水源地	水库	自贡市
	145	长沙坝—葫芦口水库水源地	水库	自贡市
	146	小井沟水库水源地	水库	自贡市
	147	烈士堰水库水源地	水库	自贡市
	148	富顺县镇溪河高硐堰水源地	河道	自贡市
	149	攀枝花市金沙江荷花池—大渡口—炳草岗水源地	河道	攀枝花市
	150	泸州市长江五渡溪—观音寺—石堡湾水源地	河道	泸州市
	151	德阳市人民渠水源地	河道	德阳市

续表

省(区、市)	序号	水源地名称	类型	供水地
四川省（50）	152	绵阳市涪江铁路桥水源地	河道	绵阳市
	153	绵阳市涪江东方红大桥水源地	河道	绵阳市
	154	绵阳市仙鹤湖水源地	水库	绵阳市
	155	三台县涪江一水厂水源地	河道	绵阳市
	156	三台县涪江二水厂水源地	河道	绵阳市
	157	江油市涪江岩嘴头供水站水源地	河道	绵阳市
	158	广元市嘉陵江西湾爱心水厂水源地	河道	广元市
	159	射洪县涪江龙滩村水源地	河道	遂宁市
	160	遂宁市涪江南北堰水源地	河道	遂宁市
	161	内江市第三水厂沱江对口滩水源地	河道	内江市
	162	古宇庙水库水源地	水库	内江市
	163	内江市濛溪河头滩坝水源地	河道	内江市
	164	资中县沱江老母岩水源地	河道	内江市
	165	乐山市青衣江水源地(含夹江县青衣江千佛岩1#、千佛岩2#、青衣江甘岩、青衣江观音桥水源)	河道	乐山市
	166	乐山市大渡河第一水厂新水源地	河道	乐山市
	167	眉山市黑龙滩水库水源地	水库	乐山市、眉山市
	168	南充市嘉陵江龙王井水源地	河道	南充市
	169	南充市嘉陵江双女石水源地	河道	南充市
	170	南部县嘉陵江一水源地	河道	南充市
	171	南部县嘉陵江二水源地	河道	南充市
	172	蓬安县嘉陵江水源地	河道	南充市
	173	阆中市嘉陵江1号水源地	河道	南充市
	174	阆中市嘉陵江2号水源地	河道	南充市
	175	宜宾市金沙江雪滩水源地	河道	宜宾市
	176	宜宾市岷江豆腐石—大佛沱水源地	河道	宜宾市
	177	广安市渠江燕儿窝水源地	河道	广安市

省(区、市)	序号	水源地名称	类型	供水地
四川省（50）	178	关门石水库水源地	水库	广安市
	179	渠县渠江渠县县城水源地	河道	达州市
	180	罗江口水库水源地	水库	达州市
	181	雅安市青衣江猪儿嘴水源地	河道	雅安市
	182	巴中市巴河大佛寺水源地	河道	巴中市
	183	化成水库水源地	水库	巴中市
	184	老鹰水库水源地	水库	资阳市
	185	西昌市西河水源地	河道	凉山州
贵州省（13）	186	贵阳市花溪河饮用水水源地	河道	贵阳市
	187	红枫湖水库水源地	水库	贵阳市
	188	阿哈水库水源地	水库	贵阳市
	189	松柏山水库水源地	水库	贵阳市
	190	百花湖水库水源地	水库	贵阳市
	191	贵阳市供水总公司汪家大井水源地	地下水	贵阳市
	192	北郊水库水源地	水库	遵义市
	193	红岩水库水源地	水库	遵义市
	194	中桥水库水源地	水库	遵义市
	195	普定县水库水源地	水库	安顺市
	196	倒天河水库水源地	水库	毕节市
	197	铜仁市鹭鸶岩水厂水源地	河道	铜仁市
	198	茶园水库水源地	水库	黔南州
云南省（15）	199	松华坝水库水源地	水库	昆明市
	200	云龙水库水源地	水库	昆明市
	201	车木河水库水源地	水库	昆明市
	202	清水海水源地	水库	昆明市
	203	北庙水库水源地	水库	保山市

续表

省(区、市)	序号	水源地名称	类型	供水地
云南省 (15)	204	渔洞水库水源地	水库	昭通市
	205	三束河水源地	河道	丽江市
	206	信房—纳贺水库水源地	水库	普洱市
	207	中山水库水源地	水库	临沧市
	208	九龙甸水库水源地	水库	楚雄州
	209	西静河水源地	水库	楚雄州
	210	澜沧江景洪电站水源地	水库	西双版纳州
	211	洱海水源地	湖泊	大理州
	212	姐勒水库水源地	水库	德宏州
	213	桑那水库水源地	水库	迪庆州
西藏自治区 (5)	214	拉萨市自来水公司北郊水厂水源地	地下水	拉萨市
	215	拉萨市自来水公司西郊水厂水源地	地下水	拉萨市
	216	昌都镇水厂水源地(含澜沧江水源)	地下水	昌都市
	217	林芝市第二水厂水源地	地下水	林芝市
	218	山南地区南郊水厂水源地	地下水	山南地区
陕西省 (3)	219	汉中市国中自来水公司东郊水源地	地下水	汉中市
	220	安康市汉江马坡岭水源地	河道	安康市
	221	商洛市自来水公司水源地	地下水	商洛市